走好人生每一步

写给年轻人的一生规划

张笑恒●编著

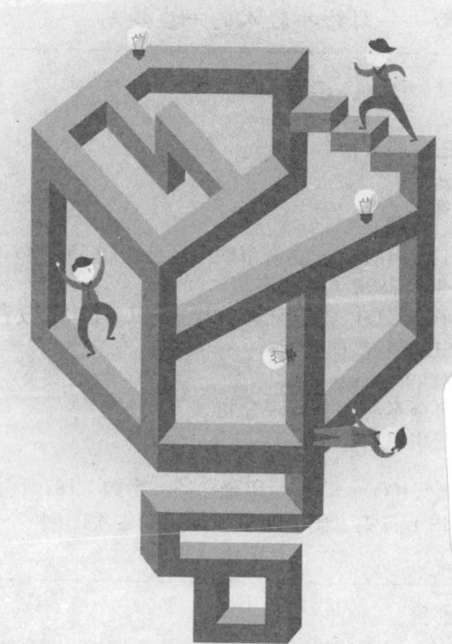

煤炭工业出版社

·北 京·

图书在版编目（CIP）数据

走好人生每一步：写给年轻人的一生规划 / 张笑恒编著；－－北京：煤炭工业出版社，2016（2023.6 重印）

ISBN 978－7－5020－5586－8

Ⅰ.①走…　Ⅱ.①张…　Ⅲ.①人生哲学—青年读物　Ⅳ.①B821－49

中国版本图书馆 CIP 数据核字(2016)第 294219 号

走好人生每一步——写给年轻人的一生规划

编　　著　张笑恒
责任编辑　马明仁
特约编辑　郭浩亮　邢玉格
特约监制　徐均成
封面设计　柏拉图

出版发行　煤炭工业出版社（北京市朝阳区芍药居 35 号　100029）
电　　话　010－84657898（总编室）
　　　　　010－64018321（发行部）　010－84657880（读者服务部）
电子信箱　cciph612@126.com
网　　址　www.cciph.com.cn
印　　刷　三河市金泰源印务有限公司
经　　销　全国新华书店

开　　本　710mm×1000mm 1/16　**印张**　15　**字数**　187 千字
版　　次　2017 年 1 月第 1 版　2023 年 6 月第 3 次印刷
社内编号　8449　**定价**　39.80 元

前言

假设我们已经垂垂老矣，躺在病床上奄奄一息，甚至将看不到第二天的太阳升起。你会后悔吗？你的内心会有遗憾吗？

相信每个人或多或少都会有那么点无法弥补的遗憾。比如，没有向喜欢的人表白，没有坚持和自己喜欢的人在一起，没有去远方走一走，没有去主动消除和某个朋友的误会，没有陪伴孩子的童年……甚至没有在年轻的时候去尝试一次蹦极、一次跳伞。

青春年少的时候，我们总是以为还有很多时间，时光充裕，以至有了懈怠的心理。明天再做吧，下个月再说吧，等一年再看吧，结果一等就是几年！

等过了三十，一下子又觉得自己坐在时光火箭上，感觉很多事情已经定型，再去改变也是徒劳。于是，一些人干脆破罐子破摔，想：人生就这样吧。但三十岁去开始，难道不比八十岁去后悔要强得多吗？更可气的是，还有一些人将自己的愿望寄托到下一代身上，而这只会让他跌进失落、失望的深渊。

事实上，我们的一生并不算短。之所以常常会有梦想未能实现的遗憾，实在是因为我们缺少开始的勇气。

未来的生活怎么样，由你现在的选择而定。

下一次当你为某事纠结的时候，不妨问问自己：“当我年老时，我是否会为____________而后悔？”

如果答案是“不”，那么你就可随心意去行事？如果答案为“是”，就赶紧将之付诸实践。谁都没有完美的人生，而人生也只是一张单程车票。如果你

不想错过，不妨遵循本心，尽己所能活得更精彩一些！

如果你正值青春年少，不要认为时光会贪恋你的意气风发而多做停留。王尔德说：“如果你浪费了自己的年龄，那是挺可悲的。因为你的青春只能持续一点儿时间——很短的一点儿时间。”青春年少时，你要尽情享受青春的芳香，而不要吝啬付出努力的汗水。因为青春是最富有激情和斗志的年纪，也是最能吃苦、最无所畏惧的年纪。如果你在最能吃苦的时候选择安逸，那么你只能在未来的很多年里仰望别人的幸福。

如果你已经参加工作，即便端的是金饭碗，也不要认为人生的大局已定。你是否想要在专业领域内进一步发展？你是否还想要在工作之外掌握一门技能？你想不想再去尝试一个未知的领域？如果你的内心依然有不安，有动荡，那么，释放你的激情，在职场上勇敢一把。因为到老了，你会发现，充实而有意义的职业生活经历，对一生有多么重要。

如果你尚未结婚，那么在爱情的烈焰里无怨无悔燃耗自己的同时，不要忘记给自己留一点理性。你选择的伴侣，不只是你现在品味的体现，更会在很大程度上决定你未来将会变成一个什么样的人。温和的、快乐的、童心未泯的，抑或是暴躁的、沮丧的、未老先衰的。你不能选择自己的出身，但至少有权力选择会让自己变得更加美好的爱情。

如果你整日郁郁寡欢，在自己不喜欢的生活里心不在焉地描摹别人的人生，请不要再任由自己悲观下去！很多事情的扭转不需要你有上帝的力量，它只需要你转换一下思维的角度。纵然你不想违背父母的意愿，也不想无视别人的好心，但你终究需对得起自己。也许你选择的生活方式并不符合他们的生活理念和价值观，但却可以让自己一生无憾。但如果你遵从他们的意愿而违背自己的本心，你在某种程度上是讨好了他人，而你的人生却会因此一塌糊涂。生活最终还是自己的，不要轻易拱手让给别人去支配。

生命苦短，得失参半。在你选择某样东西的时候，同时也会失去另外一些东西。没有什么是值得不值得、划算不划算的，甚至没有对和错这种非此即彼的答案。相对于这些，去行动更重要，体验过才是人生。

如果你怕说错，从不敢发表自己的意见；如果你担心失败，而放弃创业的机会；如果你害怕被对方拒绝，而不敢去表白；如果你担心旅途出意外，而宁愿在家里宅着；如果你怕自己担不起养育孩子的责任，而选择丁克。你觉得你的人生就会因此而没有风险，从此一路坦途、阳光灿烂吗？这种苍白到只剩下后悔的人生，恐怕不是任何人想要的。

什么都不去尝试，什么都不做，才是人生最大的冒险。

审视一下自己的生活，维持现在的状态，不思改变，你会不会后悔？

列下你想做的事情，如果现在不去做，等老了你是否还有机会去做？

写下值得你珍惜的人的名字，如果你现在不去陪伴和联系，他们会不会一直在原地等你？

日子一天天逝去，从没有歇息的时候，我们不能因为这种单一枯燥的频率，而忽略时光奔跑的速度。凡事不要等，趁你现在还跑得动，还有能力支配自己的行为，去做你想做的事吧，不要等老了空留遗憾，徒伤悲！

目录
CONTENTS

第三章 选择一个伴侣，就等于选择一种生活方式

CHAPTER three

第四章 任性一次，再不疯狂我们就老了

CHAPTER four

第五章 活出自己，而不是别人期待的样子

CHAPTER five

CHAPTER

别在最能吃苦的年纪选择安逸

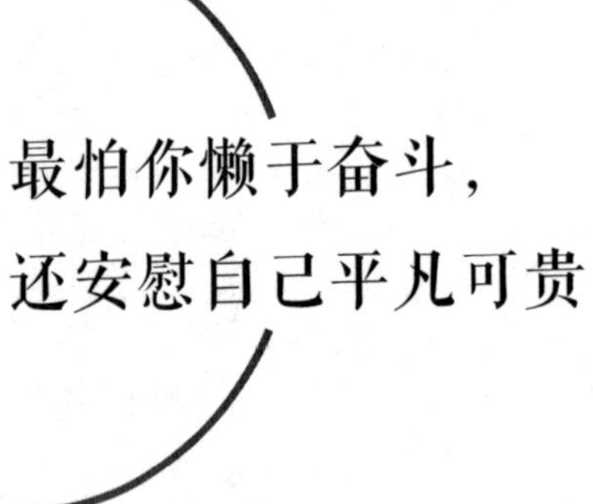

最怕你懒于奋斗，还安慰自己平凡可贵

网上流传着这样一个故事：一个放羊娃在山坡上悠闲地挥舞着羊鞭赶着几只羊，一个人走过来和他聊天，并对他建议说："你应该多放几只羊。""为什么？""这样你就可以多赚一些钱。""多赚些钱做什么？""这样你就可以雇人帮你放更多的羊。""雇人放更多的羊做什么？""那样你就成功了。""成功了做什么？""成功了你就可以过自己想要的生活，比如晒晒太阳，放放羊。""那不就是我现在的生活吗？"

如今越来越多的成功人士开始回归乡村去体验平凡简单的田园生活，就如海子描述的那样："从明天起，做一个幸福的人/喂马、劈柴，周游世界/从明天起，关心粮食和蔬菜……"于是，一些人想既然成功之后依然是回归田园，自己现在就在田园，那努力还有什么意义？既然出发之后还要回来，干脆就不必出发了。

平凡的确可贵，但不争取不奋斗不曾辉煌过，又怎能理解平凡的可贵？如果没有年轻时奋不顾身的努力，平凡之路也就只能是"平庸之路"。

1999年12月的一天，吴宗宪将周杰伦叫到办公室，十分郑重地说：“阿伦，给你10天的时间，如果你能写出50首歌，而我可以从中挑出10首，那么我就帮你出唱片。”

周杰伦一听老板要帮自己出唱片，激动地说不出话来，只是“嗯”了一声，便低着头走了出去。

回到阿尔发音乐室，周杰伦兴奋不已，但他并没有急于动手写歌，而是跑到大街上买回一大箱方便面。他想，就是拼了命，也要做最后的挣扎。因为他知道，老板给他的机会也许就这一次了。接下来，周杰伦就待在音乐室里开始创作。那段时间，他几乎是一首接一首地创作，每写完一首，就像生下一个孩子一样，高兴得不得了。而每当他疲惫的时候，就在房间的某个角落里打个盹儿，醒来之后继续下一首歌曲的创作。

就这样，仅仅10天的时间，周杰伦真的写出了50首歌曲，而且每一首都写得漂漂亮亮，谱得工工整整。面对这样惊人的创作速度，吴宗宪无话可说了。接着，他从周杰伦创作的歌曲中挑选出了10首，准备制成唱片发行。

经过大半年时间的精心制作，周杰伦的第一张专辑——《Jay》制作出来了。尽管他还不知道他的唱片在市场上是否卖得动，但他还是为之兴奋不已，这毕竟是他的第一张专辑，也是他用血汗换来的。

2001年初，令人意想不到的是，这个一天说不上两句话的小伙子居然一鸣惊人。仿佛一夜之间，华语流行歌坛几乎被周杰伦一个人的声音统治了。他纯正的音乐曲风、桀骜不逊的外表使他成为年轻一代歌迷热烈追捧的对象。他的每次演唱会结束后，就连十几岁的小女孩都会怀着朝圣一般的心情，触摸他刚刚坐过的钢琴椅……这位出道不到一年的年轻人，俨然成了整个华语歌坛超重量级的小天王。

从一名餐厅服务员成长为家喻户晓的当红小天王，周杰伦在接受美国《时代》杂志专访时说：“明星梦并不是遥不可及的，其实，任何人都可以做，只

要你肯努力。我之所以能有今天，就是我不服输的结果。”是呀，一个人不想做退却的懦夫，就应该像蜗牛一样一步一步地往上爬。如果你一直追求下去，那么，天下还有什么事是搞不定的呢？

很多人会说，“我努力挣钱有什么用呢？再怎么努力也比不上含着金钥匙出生的富二代！”“我为什么要努力读书呢？那些高智商的人随随便便就能把题目都解开啊！”怀着这些想法的人，他们往往对自己的生活不满意，却又不愿意直面人生的惨淡光景。

见别人奔波受苦熬夜苦读，却心满意足于自己的贪图享乐；见别人情商高朋友多，却觉得别人这个不好那个不好；别人辛苦工作获得晋升，却觉得对方肯定送了礼拍了马屁，浑然忘了自个儿每天迟到早退，工作起来推三阻四。

什么都没干，就什么都想放弃。张嘴一来就是安享平淡，其实都是懒惰者的托辞。你想要的平淡里有花不完的钱、舒服的好房子、漂亮的衣服、美味的食物和爱的人。你以为轻而易举，可是你看，这些东西哪一样不得要你费尽心思拼了命去奋斗？

《老情书》里面的老太太有段话说得好：“老和尚说终归要见山是山，但你们经历见山不是山了吗？不趁着年轻拔腿就走，去刀山火海，不入世就自以为出世，以为自己是活佛涅槃来的？我的平平淡淡是苦出来的，你们的平平淡淡是懒惰、是害怕、是贪图安逸，是一条不敢见世面的土狗。”

费拉尔·凯普说过一句话：“保持一颗积极、绝不轻易放弃的心，尽量发掘你周遭人或事物最美好的一面，从中寻找正面的看法，让自己能有向前走的力量。即使终究还是失败了，也能汲取教训，把这次的失败视为朝向目标前进的踏脚石，而不要让借口成为你成功路上的绊脚石！”何况，你根本没有自己想象的那么努力。

当你走得太远时，别忘了当初为什么出发。如果你从不曾出发，从不曾感受山之巅的旖旎风光，就高谈阔论太阳东升西落的平凡可贵，不是矫情就是假装。因为不经繁华，何谈安于平淡？不去努力，何谈安于现状？

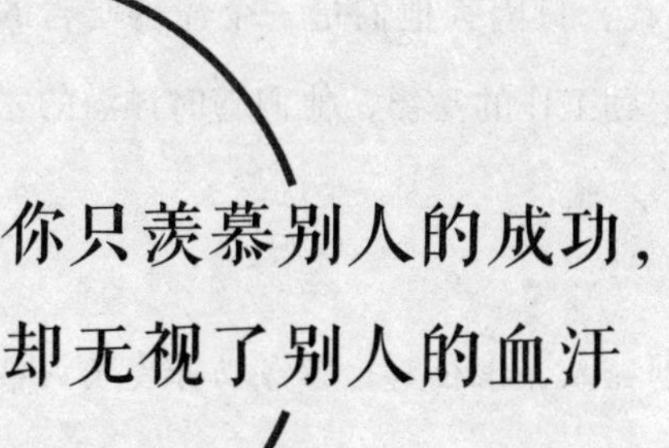

你只羡慕别人的成功，却无视了别人的血汗

当你看了《杜拉拉升职记》，你觉得外企真好，可以出入高档写字楼，说着让人听不懂的英语，拿着让人眼红的薪水；当你看到一条精妙的广告赞不绝口，你觉得做营销好潮，可以把握市场脉搏，纵情挥洒自己的创意；当你看到一位做房地产的朋友每天和有钱人出入各种高档场所，发着各种挥霍的微博，你觉得做房地产好赚钱；当你看到一位快消人员满世界出差，在各种地方住五星级酒店，你又觉得做快消好风光。你疯狂地爱上了那种看着无限夺目的风光，却不曾想到你日思夜想称之为“梦想”的状态，其实并不如你看到的那样简单。

他们所吃的苦，是每天只睡6个小时，从10年前的数据查到昨天，一点点地做着细致无比的分析；他们所吃的苦，是为了一套更合理更系统的管理方案，而不断地和各个领导去磨合，去询问，去思考；他们所吃的苦，是为了签下一个大订单，自己一个人在他乡奔波，看着别人的团圆，做着自己的相思梦；他们所吃的苦，是为了一个上市项目，在三天之内自学几十万字的材料，

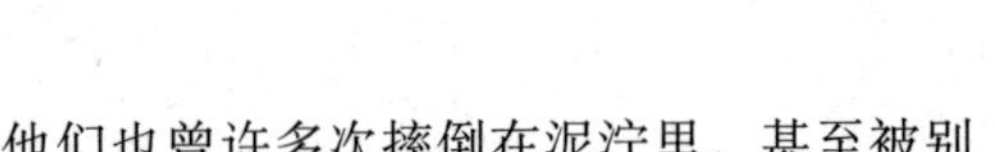

让自己从一个门外汉变成一个行家。他们也曾许多次摔倒在泥泞里，甚至被别人从自己的身体上踩过去。

他们成功地取得了让人望尘莫及的荣耀，只因为他们是一个懂得吃苦的人，能够承担得起那种厚重的魅力。他们辛勤工作的身影，他们随时洋溢的才华，他们的一切禁得起岁月的推敲。

作为中国第一代程序员和金山软件的创始人，求伯君这位成功开发国内第一套文字处理软件WPS的软件业“教父”一路走来，颇为艰辛。1986年，求伯君辞去河北省徐水县国企的工作，加盟北京四通公司，并于次年调往深圳四通公司。在四通，求伯君结识了他成长过程中对他影响最大的人——香港金山老板张旋龙。当时张旋龙正在和四通合作推SUPER机，一批机器的BIOS有问题，启动不起来，求伯君花了一个晚上就把它改好了。当时这个问题香港都解决不了。从此，张旋龙开始极力推荐求伯君。

深圳四通成立，北京四通不同意放求伯君，而求伯君建议在PC上做和MS2401类似的文字处理软件的计划又被否决了。于是，求伯君就给当时的四通总裁万润南写了一封辞职信，万润南很快批示：“公司初创，人才难得，建议沈国钧与王玉钤协商调深圳。”

求伯君终于来到了向往已久的深圳，刚到深圳时，四通让他负责公司的一个经营部。让求伯君经商，犹如缘木求鱼，而给他一个环境，让他潜心开发软件，则是如鱼得水。正在这时，香港金山公司答应提供条件让他专心致志地开发WPS。

面对这个机会，求伯君决定大干一场。他目标很明确，做一张汉卡装字库，写一个文字处理系统，能够取代WordStar，这个目标就是后来的WPS。为了实现这个目标，从1988年5月到1989年9月，求伯君把自己关在张旋龙为他在深圳包的一个房间里，只要是醒着，就不停地写。什么时候困了，就睡一会儿，饿了就吃方便面。在这样的一年零四个月中，求伯君生了三次病，第一次肝炎，第二次肝炎复发，第三次又复发，每次住院一个月到两个月。第二次肝炎复发正是软件开发最紧要的关头，求伯君把电脑搬到病房里继续写。

开发之苦不是病魔缠身，不是身心憔悴，而是孤独。求伯君曾回忆那段日子说：“当时很苦，有了难题，不知道问谁，解决了难题，也没人分享喜悦。”求伯君在这种孤独的环境中，写下了十几万行的WPS，在写完最后一行程序的时候，求伯君没有任何感觉，“任何一个产品，做成功以后，不会有什么感想，所谓感想都是后来总结出来的。”作为作者的求伯君麻木了，而当时还在上大学的雷军一看到WPS就感到震惊，“我不相信中国还会有这么好的软件，当时觉得这个软件一定是在香港做的。”WPS没有做广告，也没有去评什么奖，仅仅凭着口碑，就火了起来。

对所有人而言，成功是点点滴滴的积累，是集腋成裘、聚沙成塔的过程。甘于寂寞，耐心学习，辛勤地积累经验，把握工作中的每一次机会，这是提升能力的不二法门。这个社会不会缺少聪明人，缺少的是踏实能干、勤奋进取的人。那些能力稍逊但能勤奋学习的人，往往更有机会成功。

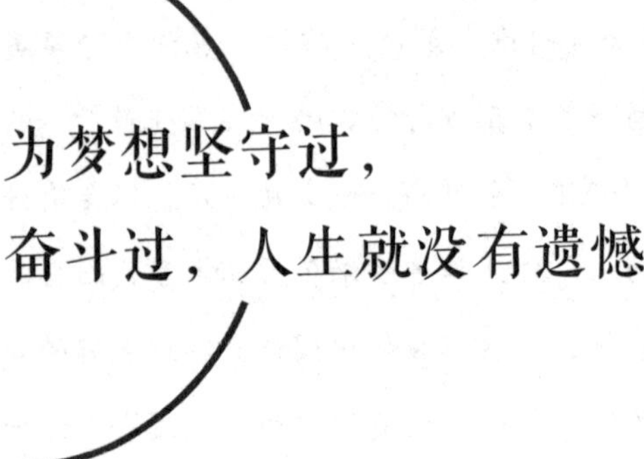

为梦想坚守过，奋斗过，人生就没有遗憾

当一个人年老的时候，后悔的不是努力了却没有实现梦想，而是遗憾自己根本就没有为梦想争取过。

在美国的一个农场，住着一位白发苍苍的农场主——皮特·布兰德。他花了一辈子的时间经营这片农场，依然过得很清苦。当你走进他那空旷的农场里面时，不由自主地会被那些航天模型所震慑，因为这是他的梦想，他的航天梦。

穷困潦倒的生活并没有使这位老人对生活失去信心，反而他每天都是用笑容面对生活，用感恩的心迎接新的岁月，在他的记忆里面似乎没有遗憾与悔恨，当地记者对已近百岁的他进行了跟踪报道。

在报道中，皮特·布兰德娓娓道出了自己的生活经历与生活方式。他说，年轻时，为了实现自己的航天梦想，曾经多次去考航天航空的学校，利用近15年的时间研究与飞机有关的东西。那时，为了学到航天知识，他甚至不惜将自己的左边的肾卖掉，来学习和购买仪器设备。自己的大好时光几乎全部倾注在了这里，但由于种种的原因他的航天梦始终没有实现。

当记者问他“你为自己的付出得到这样的结果有什么感想”时，皮特·布兰德毫无遗憾的笑声再次响起来。他说：“我为自己的梦想坚持过，为自己的梦想付出过，我的人生是用充实来谱写的，没有一丝的悔恨与遗憾。”

苏格拉底说：“人类的幸福和欢乐在于奋斗，而最有价值的是为理想而奋斗。”或许，我们忙忙碌碌辛苦了一辈子，到头来还是可能一事无成，理想也许永远与自己无缘，我们只要真的为之努力打拼过，就不是一位失败者。

湖南大学校长赵跃宇在2014年的毕业典礼的致辞中说：“希望你们拥有梦想，实现梦想。真羡慕你们，你们还这么年轻，没有什么梦想不敢去拥有，没有什么目标不敢去实现！这些梦想，可以很大，上天入地、排山倒海，也可以很小，平凡而不足以道，但希望你们能够为了实现这个梦想去努力，去奋斗，世界上最快乐的事，莫过于为梦想而努力奋斗。”

相信大家一定都记得高中那段炼狱般的生活，我们会为早晨的起床铃声愤然不平，但是小萍却不曾有半点怨言。晚自习，大家恨不得去把墙上的钟表拨快一些，好早一点钻进被窝。但是，小萍每每都要等到宿舍快要熄灯了，才匆匆回来，草草收拾下上床。有时候，还要打着手电，偷偷在被窝里看一会书。

高考分数下来了，一些同学抱怨说都怪天气太热了，心情烦躁所以没考好。一些同学垂头丧气说，早知如此，当初就应该多看几遍书。每个考不好的人似乎都有借口，而她只是淡淡地笑笑，虽然她距离自己的理想分数差了10多分，她说自己努力过了，就不后悔，也没什么可遗憾的。

在人的一生中，一个人虽然不能把握自己生命的长度，但是可以通过扬起目标的风帆，在日常工作、生活中发扬长征精神，让生命的航船成功远航，从而增加生命的宽度和厚度。待以后回首往事，我们会说：我奋斗过，拼搏过，我不后悔。

少壮不努力，老大徒伤悲。不要等老的时候才后悔当初没有好好努力，如

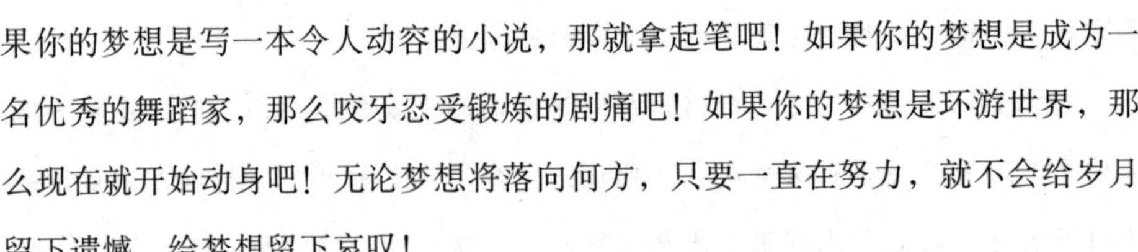

果你的梦想是写一本令人动容的小说，那就拿起笔吧！如果你的梦想是成为一名优秀的舞蹈家，那么咬牙忍受锻炼的剧痛吧！如果你的梦想是环游世界，那么现在就开始动身吧！无论梦想将落向何方，只要一直在努力，就不会给岁月留下遗憾，给梦想留下哀叹！

奋斗，是人生最美好的事情，因为奋斗了才会感到充实，才有意义。只有真正奋斗过了，你才能问心无愧，无怨无悔。真正奋斗的人不会太在乎结果，过程往往比结果更重要，即使没有成功，这样的人生同样是精彩的。

就像杨澜在《凭海临风》中描述的自己乘热气球的经历，她写道：“离开维尔的前一天，我和朋友们有了乘坐热气球的经历。这一天格外晴朗。彩虹般颜色的气球膨胀起一个饱满的惊喜，我的心情早已轻飘飘得不能自已。几乎没有震动，已经飞行在半空中。刚刚还置身其中的大地转眼成了渐去渐远的风景。热气球的驾驶员DON有十二年的经验，但他承认他所能做的不过是调整气球的高度来捕捉不同的风向，至于气球的具体航线及落点，实在是听天由命的。大家一致说：这才是热气球的魅力所在——既有控制的可能性，又保留了不确定性，所以这比任何精确设定的飞行来得更刺激。你既不能盲目自信，又不敢放弃努力的机会。其实人生的乐趣也是如此，全在这定与不定之间。”

如果有一天你说，我的生活过得充实，我的生命富有激情，我无悔走过了每一个日子，那么你的人生，就是完美的人生，没有遗憾的人生。

投机心态最害人，500万的彩票，会砸到你头上吗？

很多人都梦想着自己能一夜暴富，能置地购车，或者突然被告知海外有一笔巨额遗产等着自己去继承……

有这些想法原本也无可厚非，问题在于他们不想参与劳动的“过程”，却梦想着得到收获的“结果”，这就等同于无源之水、无本之木。假如你还在做这种“白日梦”，那就请你立刻从一夜暴富的幻想中醒来。投机的心态太重了，使本应该在“风华正茂”的年龄里奋斗的我们，慢慢地走向“黑暗的深渊”。

孙道平是外地进京打工的年轻人，工作一年以来，他省吃俭用地攒下了一万块钱，准备过年时带回老家给爸爸治病。

一次偶然的机会，孙道平跟同事吃饭的时候，听对方讲了很多关于彩票的知识，并跟着同事买了一期，竟然中了200块钱。孙道平打着小算盘，这比自己上班赚钱可容易多了。于是，他开始研究各类彩票，渐渐地就入了迷，不论体彩还是福彩，都每期必买。起初，孙道平投注的金额也就是十块八块，可没

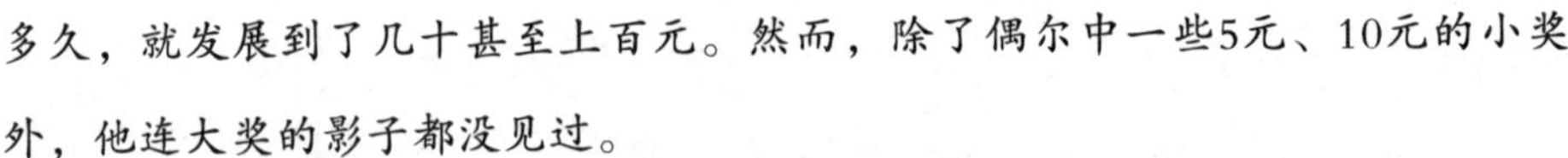

多久，就发展到了几十甚至上百元。然而，除了偶尔中一些5元、10元的小奖外，他连大奖的影子都没见过。

由于不甘心自己之前的投入，孙道平只有继续增加投注金额，并沉迷于对彩票规律的研究，梦想有一天能被大奖砸中。就这样持续了半年时间，他仍然没能如愿。后来，孙道平干脆把工作也辞了，一心一意地投身于他的彩票事业，将自己辛苦攒下的血汗钱全买了彩票……结果当然还是没能中上大奖。

对彩票如痴如醉的孙道平已经身无分文，丢了工作的他连生活都成了问题，精神也处于崩溃的边缘。

原本只是“买来玩”的彩票，摇身一变，就成了人们脱贫和发财致富的神奇稻草。更有甚者，竟把“一夜暴富”的狂热带到了现实生活当中，整天就琢磨着自己中了大奖后该怎样分配，要进行哪些消费，等等。钱还没到手，就已经在那些人的想象中花光了，这不是“白日梦”是什么？

任何理想的实现，取得的成就，如果缺少了参与的过程，都会变得索然无味。因为，我们只有在奋斗的过程中，才能真真切切地体会到付出的乐趣；才不至于感叹生活过于乏味，才能细细地品味“百味人生”。

在一座山上长着一棵大榕树，它的枝繁叶茂给山间增添了一道独特的风景线，每年在旅游的旺季，都会有很多的游客来到这儿，不是摄影就是绘画写生，生长在一起的其他榕树感受到了那种浓厚的艺术气息，都美慕得“垂涎欲滴”。

同时这颗大榕树每年都会诞下成千上万的儿女，每一个都是小小的榕树种子。当然，大榕树更是儿女们心中美慕的对象，小小的种子们都很坚定的说：“一定要长成妈妈的样子，要吸引比妈妈还要多的游客与艺术家。”

有一次，一颗小种子抬头对榕树妈妈说：“妈妈，我怎样才能长成像你一样的大榕树呢？”

“孩子，”榕树妈妈慈爱地说，“很简单的，你只需要把自己完全埋进泥土里就可以了。”

小种子听后，心想：把自己完全埋进泥土里？里面黑黑暗暗的，万一再也看不到外面的阳光怎么办？不过妈妈这么说，应该也有道理。

后来，它想了个很聪明的办法：它把自己一半埋在泥土里，另一半露在泥土外面，这不是一个最安全的办法吗？小种子沾沾自喜地想。

可一个月过去了，这颗小种子并没有长成大树，她和她千千万万的兄弟姐妹一样腐烂了，最终变成了泥土。

看到这个情形，榕树妈妈叹了一口气：“唉！我每年都会有千千万万的儿女来到这个世界上，可他们之中只有那么两、三个有勇气把自己完全埋进泥土里，只有他们能长成大树。”

如果不经过黑暗的历练、风雨的洗礼，种子怎么会长成参天大树呢？而那些希望通过投机取巧获得成功的人，也不过是空想罢了。如今，大多数的人都想快速发达，但是却不明白做一切事必须老老实实地努力才能有所成就。只有放弃投机取巧的心态，实实在在地建立顾客网及组织，成功才不会离你太远。不要梦想中彩票，或把时间花在赌桌上。这些一夜之间发达的妄想，都是人们奋斗之路上的绊脚石。

有钱人的生活无疑是令人羡慕的，但是天下没有免费的午餐，想获得就必须付出，即便是街边一名破衣烂衫的乞丐，若是想要得到食物，也要舍弃尊严，放低人格来哀求路人的怜悯。不管乞丐用什么方法，讨到了钱也好，讨到了食物也罢，都没太大区别，重点是他们为此付出了相应的代价。

我们的命运自始至终都掌握在自己的手里，奉劝那些将希望寄托于“不劳而获”“白吃白喝”的妄想者们：“天下没有免费的午餐。”想实现梦想，达成愿望，只有通过自己的努力，才最稳当。

像阿甘那样坚持下去，成功是熬出来的

阿甘，一个被认为智商只有75的低能儿，最终成为了橄榄球明星、全国知名人物、捕虾船船长，还得过荣誉勋章并多次受到总统的接待。

阿甘以他的执著战胜了生命中一切艰难险阻，在人生的旅途中一次又一次地奔跑着。的确，他跑掉了脚上的器械，跑进了大学，跑进了白宫，横越了整个美国！这多么让人敬仰！这样的毅力和精神，让我们这些普通人显得多么渺小！

历史尘埃落定，阿甘有了儿子，他的儿子将有崭新的生活，一切将不复重演。阿甘站在珍妮的墓前，这是催人泪下的一幕。伟大的爱情莫过于执著与纯真，无论在什么样的背景下，在什么样的境遇中。阿甘以他不带任何偏见的眼睛去看世间的一切，他用他的思维方式引导我们大家共同回顾，或许这样我们更容易感悟到生命的真谛！

成功的秘诀有千千万万，有人依赖背景，有人凭靠天赋，有人借助机遇……而他却凭着一种“熬”的韧性，二十年来潜心做了一件事，最终由一个几乎被所有人认为“很一般”的平常人，成长为一位在多个领域都有着杰出成就的成功者，他的人生经历以一本小说为载体在一夜之间窜红网络，红透大江南北，取得了巨大的成功。

2006年3月10日，这一天，石悦成为了“当年明月”。

他在自己的博客上用“当年明月”这一网名，发表了《明朝那些事儿》的第一篇，《朱元璋卷》开始了。这些文章还有一个副标题——历史应该可以写得好看。并且，他在引言中写道：“我很喜欢历史，喜欢那些过去的人和事，在历史的长河中，有太多的事情值得我们去回味。在我第一次接触历史的20年之后，我开始动笔，写给我自己，也写给所有喜爱历史的人。我想写的是一部可以让人在轻松中了解历史的书，是一部好看的历史，仅此而已。”

自此，白天上班，他是石悦，顺德海关公务员。晚上一回到家，当拿起笔写《明朝那些事儿》的时候，他就是当年明月。“发表的时候不想用本名，因为不想扬名立万，也不想光宗耀祖。我一直觉得我是个代言人。我就用这个代言人的名字，说出一些我想说的话。”

历史何其深远，爱好者甚众，而历史典籍对普通读者来说，的确有阅读难度。一样是说史，但石悦用的笔法却不是以往那些史书的笔法，而是一种充满了活力和生气，字字都欲跃然而出的鲜灵笔法。在他的笔下，人物不再是一个刻板的名字和符号，而是一个个活生生的人，那些历史事件更是跌宕起伏，叫人读来欲罢不能。很多认识石悦的人都说：“怎么也没想到，那些文字、那个笔体是你写的。”

石悦成功地从现实世界的公务员变为虚拟世界里的网络红人，还有了自称“明矾”的粉丝。面对每天都坐在电脑前等着看他写《明朝那些事儿》的“明矾”们，石悦说：“史书上的史实，我是没有能力质疑的，那我就在写法上突破。我努力使自己切身体会历史人物的内心，想历史人物所想，这就是‘好看’的原因。”

的确，《明朝那些事儿》写得有趣，易解，有剧情，有悬疑，也有冷不防的幽默。即便是初中，甚至小学文化程度的人，都不会有阅读障碍。于是，《明朝那些事儿》红了，当年明月红了，石悦红了。

有媒体记者向石悦讨取成功经验时，他调侃地说道：“比我有才华的人，没有我努力；比我努力的人，没有我有才华；既比我有才华，又比我努力的人，没有我能熬！”

其实我们无论是在投资过程中，还是在创业中，都应该采取“熬”的策略，只要我们投资的品种没问题，就没必要与主力发生正面冲突。我们打不过主力，就“熬”它，“熬”就有了资本，“看谁熬得过谁！”成功往往就是这样一点点“熬”出来的。

冯仑说：“伟大都是熬出来的。”为什么用“熬”？因为普通人承受不了的委屈你得承受；普通人需要别人理解安慰勉励，但你没有；普通人用消极的对抗和指责来发泄情绪，但你必须看到爱和光，在任何事情上都要学会转化消化；普通人在脆弱的时候需要一个肩膀靠一靠，而你就是别人依靠的肩膀。

“熬是一种直面问题、不逃避的精神。”这就是冯仑的观点。即使我们处在十分卑微的职位，适中地坚守自己心中的梦想，就一定会有“出人头地的一天”，著名相声表演艺术家郭德纲曾说过：“瓦片且有翻身日，岂可人无转运时？”秉承我们内心的那份坚持，在“慢慢熬”中咀嚼过程的美好，把我们尚未丰满的羽翼用知识填充，终究会有成功的那么一天。

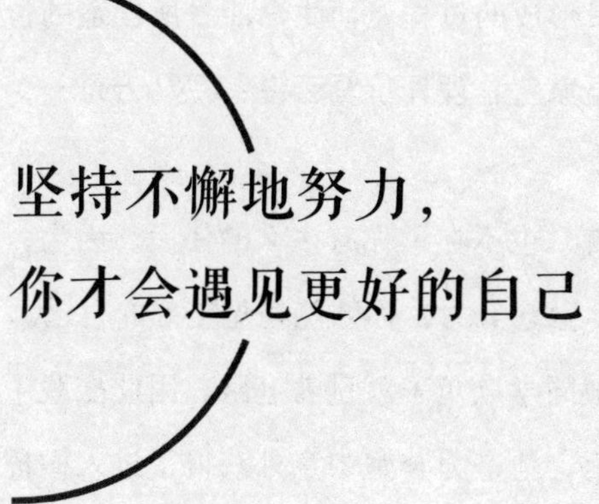

坚持不懈地努力，你才会遇见更好的自己

相信每个人都有这样的时候：夜深人静时，陷入冗长的回忆，时光从我们的生活中静静流过，只留下了一个叫做“过去”的背影，而我们置身其中，一路跌跌撞撞地走到了现在，不停地为了生活努力地奋斗着，只为了在我们老去的时候追忆起这段时光，不会为我们这段意气风发的岁月而感到后悔，不会为我们做出的每一个决定而感到遗憾。

俞敏洪说，我不如我同学聪明，他们五年能做到的，我愿意用十年去做，再不济我用二十年，再不济我保持健康活得比他们都长总可以吧。俞敏洪之所以有这样锲而不舍的精神，源于他高考三次才考上大学的经历。很多成功人士都具备为目标坚持不懈地努力这一特质。和他有相同经历的还有马云。

马云参加中考，考了两年才考上一所极其普通的高中。高考更加艰辛，马云第一次参加高考，落榜，内心充满了挫败感。马云第二次参加高考，再次落榜，马云的父母劝他死了上大学的心，好好学门手艺。马云不顾家人的极力反对第三次参加高考，但总分离本科线还差5分。由于英语专业招生指标未满，部分英语优异者获得升本机会，马云被杭州师范学院破格升入外语专业本科。

坚持努力，向着目标不懈努力。在这个过程中自己思想的深度、阅历的厚度都会在不知不觉中增长，这是生命能量形成的过程。而生命能量所创造的价值的不同就是人和人拉开差距的地方。温家宝总理评价马云说："马云是一个有理想的人，他拥有一个不屈的灵魂。"

成功的意义不在于你取得多大的成就，也不在于你有多么的伟大。因为，成功总会与努力过的人握手，只有坚持不懈地努力，你才能遇见更好的自己。

电影《阿甘正传》中，阿甘小时候被同学欺负了就试着逃跑，因此摆脱了脚部的残疾；长大后的阿甘仍被同学欺负，他奋力奔跑中意外获得了进入橄榄球队的机会；在越南战场上阿甘更是凭借跑步让自己存活了下来。

如果你感到现在的自己不快乐，现实状况让自己不满意，那就像阿甘一样往前奔跑吧！将所有的负担、压抑、苦闷、纠结通通甩在身后，你迎来的会是一个更加快乐、更加完美、更具有朝气的你。

不因声色而诱惑，不因畏惧而退缩，不因流言而犹豫。放弃，不是不想，而是不能。最可怕的敌人不是外界的阻碍而是自身的半途而废。只要坚持不懈地努力，就没有征服不了的东西。哪怕只有一丝微弱的希望，它也会在你持之以恒的努力下光芒万丈，更何况为梦想坚持是一件很幸福很快乐的事情。

要坚持首先要有目标，有目标才有努力的方向和前进的动力。玄奘西行，用时17年，行程5万里，途经138个国家，为的是宣扬佛法、普度众生。我们也能看到身边的很多人也在为自己的目标而不懈努力着，有的人为了成就事业而每天在工作中挥洒汗水；有的人为了家人能过上更好的生活而起早贪黑地做生意。目标没有大小之分，只有清楚和模糊之分，对于实现目标的利弊得失我们要完全想清楚，自己要什么，这样的目标给予人的力量是巨大的！有了清晰的目标就有了不断提供能量的发动机。我们对于生活的热爱，对于生活的激情都来源于对目标的追求。在想放弃的时候，想想当初自己为了什么坚持到现在。

比利时《老人》杂志曾在全国范围内，对60岁以上的老人开展了一次题为“你最后悔什么”的专题调查活动，72%的老人后悔年轻时努力不够，以致事业无成。人生的道路上没有返回的班车，无论怎样我们都在朝着生命的终点迈近，时间有条不紊一刻不停歇地向前走着，任何人都左右不了时间的脚步，我们都是渺小的。青春短暂，芳华易逝，不要让自己在最年轻最能吃苦最能折腾的时候选择安逸的生活。

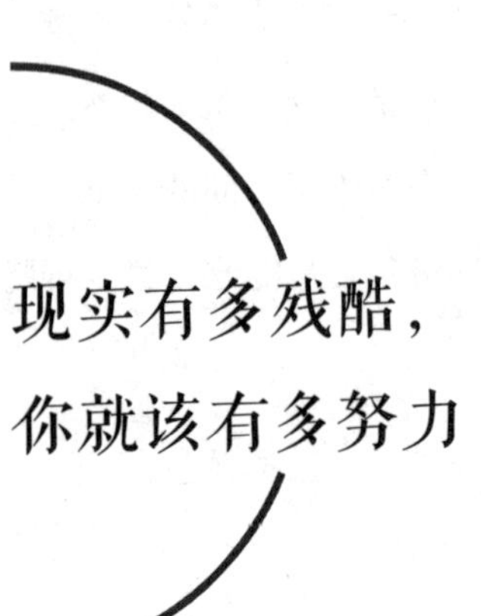

现实有多残酷，你就该有多努力

不可否认，生活总是让我们感叹命运的无常，总是让我们尝尽现实的无奈，幻想中的美好总是让人大失所望。也许你会为情侣的分手宣言感到猝不及防，也许你会为朋友的背叛伤心不已，也许你会为亲友的突然逝世而追悔莫及。这个世界很现实，每个人都在为着同一个目标不惜一切代价地努力着。但你要知道，这种状态不能长久，现实多残酷，你就该有多努力，现在的历练是为将来的成功做准备。

剑豪是计算机系毕业的，却因为某些缘故找到了一家证券公司的工作，隔行如隔山，刚入职的剑豪感觉一片迷茫，什么都不会。股票基金都傻傻分不清楚，更别提什么期货期权权证。屋漏偏逢连夜雨，偏偏在这个时候公司出了一个规定，必须一个月内考下证券从业资格证，考不下来就卷铺盖闪人。面对着强大的压力、极其残酷的现实，剑豪不得已在公司旁租的房子里，整整宅了两个礼拜，这两个礼拜中，剑豪每天起早贪黑地研究专业书籍，每天平均只睡4

个小时，幸运的是剑豪通过了考试。

剑豪得知自己考过资格证的当晚，他邀请了几个要好的朋友，席间剑豪十分感慨地说："那段日子真是苦不堪言，十多天里甚至连吃泡面都觉得浪费时间，每天火腿肠加沙琪玛，严重缺乏营养和维生素，一起床就头晕眼花，手指头全是肉刺，牙龈每时每刻都在流血。每天凌晨两点睡觉，早上六点就起来，除了睡觉，眼睛没有离开过书，腰酸背痛一直用书本敲才缓解点。"

马克斯威尔·马尔兹说过："想象你自己对困难作出的反应，不是逃避或绕开它们，而是面对它们，同它们打交道，以一种进取的和明智的方式同它们奋斗。"也许你会感到生活的苦闷、日子的难熬，但请相信我们的人生不可能就止于此了，如果你不想变成街上一抓一大把的庸人，你不想以后为钱发愁，你不想成为自己最瞧不起的那种人，那么你就要拼命努力。你的梦想还很美好，你的未来还很遥远，只有坚持一阵子，才不会辛苦一辈子。

有一群人，他们积极自律，每天按计划行事，有条不紊；他们不张扬，把自己当成最卑微的小草，等待着人生开出花朵的那天。他们早晨5点多起来健身，你在睡觉；当他们收拾妥当准备开始一整天的工作时，你还在睡觉；他们用上午的高效时间完成了一个又一个任务，甚至发现新的商机和机遇，你还在睡觉；当午餐时间临近，他们伸了伸腰，准备稍做休息，此时你终于起床。

现实对他们难道就不残酷吗？为什么他们可以花着大把的钞票，开着华丽的跑车，而你没有。是上天对他们多了一些眷顾吗？不是。是因为他们在工作的时候，你在睡觉。他们比你更懂得现实的残酷，所以他们比你更能够拼搏。

1832年，林肯失业了，这显然使他很伤心，但他下定决心要当政治家，当州议员。糟糕的是，他竞选失败了。在一年里遭受两次打击，这对他来说无疑是痛苦的。接着，林肯着手自己开办企业，可一年不到，这家企业又倒闭了。在以后的17年间，他不得不为偿还企业倒闭时所欠的债务而到处奔波，历经磨难。

随后，林肯再一次决定参加竞选州议员，这次他成功了。他内心萌发了一丝希望，认为自己的生活有了转机："可能我可以成功了！"

1835年，他订婚了。但离结婚的日子还差几个月的时候，未婚妻不幸去世。这对他精神上的打击实在太大了，他心力交瘁，数月卧床不起。1836年，他得了精神衰弱症。

两年后，林肯觉得身体良好，于是决定竞选州议会议长，可他失败了。1843年，他又参加竞选美国国会议员，但这次仍然没有成功。林肯虽然一次次地尝试，但却是一次次地遭受失败：企业倒闭、未婚妻去世，竞选败北。

要是你碰到这一切，你会不会放弃？放弃这些对你来说很重要的事情？

然而林肯没有放弃。在接下来的时光中，他一次又一次参加竞选国会议员，最后终于当选了。两年任期很快过去了，他决定要争取连任。他认为自己作为国会议员的表现是出色的，相信选民会继续选举他。但结果很遗憾，他落选了。

因为这次竞选他赔了一大笔钱，林肯申请当本州的土地官员。但州政府把他的申请退了回来，上面指出："做本州的土地官员要求有卓越的才能和超常的智力，你的状态未能满足这些要求。"接连又是两次失败。在这种情况下你会坚持继续努力吗？你会不会说"我失败了"？

可是，林肯没有服输。1854年，他竞选参议员，失败了；两年后他竞选美国副总统，结果被对手击败；又过了两年，他再一次竞选参议员，还是失败了。

林肯一直没有放弃自己的追求，他一直在为自己的理想而努力着。功夫不负有心人，通过不懈的努力与坚持，林肯终于在1860年，成功地当选为美国总统。

磨难是人生的一部分，但好处在于，它会让我们更强大。世界的运转总有随机性，这确实难以理解。我们每天都会看到这种证据，这的确会让你质疑人类的未来。你如何看待这个世界由你自己决定。只需要记住，现实不论多么残酷，都会让你有自由选择的机会。

你要配得上你所受的苦

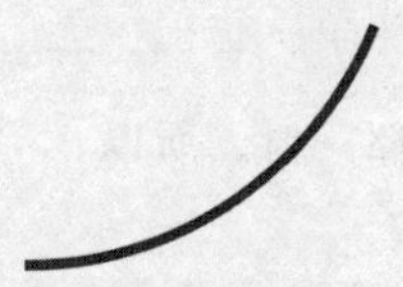

路遥在《平凡的世界》一书中写道：“人生就是一个无限痛苦的过程，人生的意义就在于如何面对这些痛苦，又如何通过劳动摆脱这些痛苦，迎来新的痛苦，又重新去征服这些痛苦，又迎来更新的痛苦……”人的一生痛苦多于快乐，并且痛苦远远大于快乐。人的降生就是从痛苦开始的，生命的结束则是痛苦的终结。人的一生，就是不断抗争痛苦的过程。

人的一生有太多太多的痛苦，迷失人生的目标痛苦；失去挚爱的亲人痛苦；事业停滞不前痛苦……无论事业、家庭还是爱情都会给人带来痛苦。外部世界是客观的，是不以个人的意志为转移的，社会不允许你的欲望完全实现，而人的自身又无法压抑自己的欲望，更别说消灭欲望，个人欲望与客观世界的冲突造就了人生的痛苦。

现在的你也许正处于一个人孤零零的奋斗中，一个人上下班，一个人吃饭，一个人睡觉，所有的事情都要一个人来完成。不但如此，在工作单位还会遭到同事的排挤、客户的刁难、领导的苛求。生活中那唯一美好的爱情在某一天还雪上加霜地给了你一个分手的通知。心还在流血，摔倒后身上的肿痛还未消退，你只能在这一切的背后默默地舔舐伤口，第二天又要面带着标准的微笑应对重新开始的一天。

《这个杀手不太冷》里的小女孩玛蒂尔德又被父母揍了一顿，她鼻血直流地站在家门前的走廊上。莱昂从外面回来，经过她身边，递给她一块手帕。玛蒂尔德问道："人生总是这么痛苦的吗？还是只有童年痛苦？"莱昂："总是这么痛苦。"

人的一生中，年轻时所受的苦是一块跳板，跳过去之前，斗争、彷徨、无助，内心备受煎熬。鼓起勇气跳过去了，才发现了柳暗花明的那一村。所以，不妨把焦点放在想要的未来上，而不是痛苦的过去中。

逆境，磨炼人的意志，让人学会了勇敢，具备了智慧，让人奋力拼搏实现目标。俗话说："水激石则鸣，人激志则宏。"生活中的强者不是天生的，是不断煎熬打磨出来的。蚌的体内因陷入细沙，就分泌出一种物质把沙子一圈一圈地包围起来，伤处就会形成一颗珍珠。苦难是所学校，成为珍珠还是成为沙子全凭你自己。如果经不起磨难，意志消沉萎靡不振，就会一生碌碌无为，平庸度日，那苦难只能成为你的耻辱。让自己取得的成就配得上你所遭受的苦难，苦难才能成为你的财富。过去的无法改变，能改变的只有未来。

12岁那年，洪战辉的人生之路发生了转弯。父亲突发间歇性精神病，造成妻子受伤骨折，女儿意外死亡，家里欠下巨债。随后，父亲又捡来了一个和女儿年龄相仿的女婴。面对沉重的家庭负担，母亲离家出走，洪战辉用他稚嫩的肩膀承担起全家生活的重担：抚养幼小的弟弟妹妹，照顾病情不稳定的父亲。

"我要挣钱读书，我要养家！"洪战辉在校园里，利用课余时间打工赚钱，用微薄的收入维持着全家的生活，"我不能倒下，我要考上大学，改变自己的命运。"

高中生活又开始了。在边挣钱边学习边照顾一家人的同时，洪战辉还要辅导妹妹的学习。

之后，洪战辉以490分的成绩被湖南怀化学院录取。可5200元的学费让他很是为难！他暑假打工挣了2000元，交了1500元学费后，就卖起了电话卡。两三天就赚了六七百元。

2005年度感动中国的颁奖词是这样写的：当他还是一个孩子的时候，就对另一个更弱小的孩子担起了责任，就要撑起困境中的家庭，就要学会友善、勇敢和坚强。生活让他过早地开始收获，他由此从男孩变成了苦难打不倒的男子汉，在贫困中求学，在艰辛中自强。今天他看起来依然文弱，但是在精神上，他从来都是强者。

世间所有光辉和荣誉都不是凭空而来的，牛顿指出：“非凡的投入才会有非凡的成就，这是一条永恒的真理。”大海如果失去了波涛汹涌，就失去了雄壮浩翰；沙漠如果失去了黄沙漫天，就失去了宏伟壮丽；生活如果真的一帆风顺，也会变得索然无味。只有五味俱全才是生活的味道，只有悲喜哀痛全都感受过才算经历了完整的人生。所有人都会经历挫折，没有人能例外，关键是最后取得的成就是否配得上你所遭受的苦难。

王小波说：“人的一切痛苦，本质上是对自己无能的愤怒。犀利见血，入木三分。然后我们要问自己，你所得到的配得上自己所受的苦难吗？”一个人配不上自己所受的苦难，那苦难就是白受了，那苦难还会像魔鬼怨魂一样纠缠着你，使你不得安心，无法得到做人的尊严。

一个人要配得上自己所受的苦难并不容易，但值得用一生去努力。如果我们在人生旅途的最后一站能够坦然无愧地面对自己的一生，能够对自己的子女说：我并不想把不自由的生活不负责任地传递给你们，我为自由与有趣的生活努力过，现在该你们了。那么我们的墓志铭也许可以共有：一个人要配得上自己所受的苦难。

CHAPTER

two

第二章

方向不对努力白费，正确选择自己的职业

年轻不要怕，多去尝试将来才不会后悔

每一个喜欢《阿甘正传》的人都能背出这句话："人生就像一盒巧克力，你永远也不知道下一个吃到的是什么味道。"

才毕业，还年轻，没有工作经验，对前途一片迷茫。怎么知道什么是最适合自己的呢？多尝试。多尝试不同类型的工作、不同的环境，你才能找到适合自己的。

王恒考上了大学，在大学里接受的依旧是填鸭式的教育，这让王恒感到自己应该做真正有价值有意义的事情。于是，他开始了人生的第一次尝试，大学四年，大部分时间他都逃课去了图书馆，在图书馆里，如饥似渴地学习他想要学习的知识。大学四年很快过去了，虽然多门功课不及格，也没拿到学位，但是他却给出了全班最有价值的毕业设计，王恒当时想："我未来的辉煌成就和信心完全来自它！"

1993年王恒大学毕业，国家强制计划把他分配到国企，虽然工作轻松，职位体面，但是他却并不喜欢这份工作，加上毕业设计带给自己的信心，王恒决定开始自己人生的第二次尝试。打报告，拍桌子吵架，用尽各种方法要求领导把自己分配到另外一个自己喜欢的部门。

在自己喜欢的部门里，王恒快乐地工作了两年。看到很多同学朋友下海经商，王恒又做出了人生的第三次尝试，他辞掉了现在的工作，去上海创业。在上海打拼十年的他如今已经拥有千万资产，每天在自己的独栋别墅里做着自己喜欢的事。

年轻的时候多尝试一些不同的工作是非常有好处的。不时地变换所从事的行业、所处的岗位，这一点非常重要。很多成功人士在很小的时候迫于生计压力不得不去做很多种工作，后来这成为了他们非常可贵的积淀和不断前进的源泉。我们应该认真地做好工作中的每一件事，积累一段时间后再去从事其他的工作，每一种经历都会给人以不同的人生经验、不同的生活体验，而丰富的人生阅历是一个人最宝贵的人生财富。

被动地变换工作可能会毁了一个人的自信和自尊，主动选择却能使人提高对生活的热情与活力，进而开发自己的潜能，做出卓越的成就。你必须能把握你自己的命运，做出符合自己内心的选择。生命的过程在于体验，过程中的美，才是人生的乐趣所在。通过一个个工作的体验，会总结出很多宝贵的人生经验，这些经验会让自己受用终生。同时，在这种体验过程中，我们会找到更适合自己的岗位，找到自己的兴趣所在，及时修正自己的职业生涯规划，确定真正适合自己的人生目标。快乐地工作，在工作中感受快乐。

“二十岁的时候，千万不要花精力和时间去犹豫和纠结什么选择是最好的，因为没有人知道，有想法就大胆地去尝试，感受不同的生活，多读书多旅行多谈恋爱多结交朋友，把这些该交的学费都交了，如此一来，三十岁以后你才有可能从容不迫地过自己想要的生活。”

年轻就是资本，在输得起的年纪里勇敢地尝试，找到合适自己的工作，再专注做下去，迈出尝试的脚步。犹犹豫豫，瞻前顾后只会一事无成。人生最幸

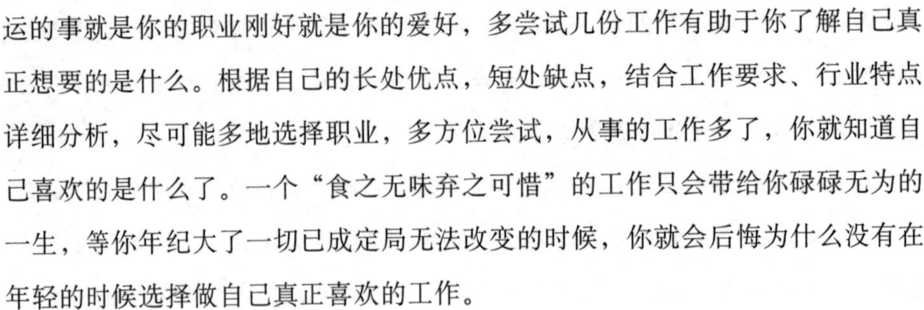
运的事就是你的职业刚好就是你的爱好，多尝试几份工作有助于你了解自己真正想要的是什么。根据自己的长处优点，短处缺点，结合工作要求、行业特点详细分析，尽可能多地选择职业，多方位尝试，从事的工作多了，你就知道自己喜欢的是什么了。一个“食之无味弃之可惜”的工作只会带给你碌碌无为的一生，等你年纪大了一切已成定局无法改变的时候，你就会后悔为什么没有在年轻的时候选择做自己真正喜欢的工作。

张建每天晚上睡不着，熬到天亮了，该上班了却提不起精神，因为新的一天对于别人来说是新的开始，对于张建来说只是再一次重复同一天的过程。

大学毕业后，张建的父母费了很大的力气给张建找了一个待遇很好又很轻松的工作，张建服从了父母的安排放弃了梦想。工作后，张建整天什么都不用做，刚开始还觉得很开心，可后来却感到很疲惫很痛苦。他觉得自己干的工作是白痴都能干的工作。每天简单的重复让他感到厌倦，有时连简单的重复都不需要做，就是整天整天地坐着发呆，待到腿发麻，站起来跺跺脚活动活动，坐下来接着发呆。生活已是一潭死水，自己也成了废人一个。

原来的同学都在各自的行业里有所建树，自己却窝窝囊囊地躲在这个温暖的巢穴里天天无病呻吟。他很羡慕并钦佩那些去大城市打拼的人，即使失败了，那样的人生也是精彩的，轰轰烈烈的，因为他们曾经奋力拼搏过。

他也想把自己从生活的沼泽中拯救出来，但每次想突破这个牢笼时，早已习惯的安逸又把这希望之火浇灭了，只得再次回到清闲又痛苦的生活中。张建看着自己的梦想渐渐远去的身影感叹道：“我错了！”

每个人都有属于自己的那条路，没有人知道你到底适合干什么，应该干什么。唯一的方法就是多去尝试，尝试多了，你的内心自然就能得出答案。年轻的时候是人最热血激情的时候，如果这时候畏首畏尾不敢尝试，没有选对人生方向，等你上了年纪，就算有尝试的心也没有尝试的力了。

人生只有一次，不要让自己后悔！

要有勇气去尝试自己不擅长的领域

《财富》杂志记者Andy Serwer在采访比尔·盖茨的时候，盖茨这样讲道："在我儿童时代，我的爸爸妈妈会鼓励我做一些我不太擅长的事，例如到户外做不同的运动，包括游泳、橄榄球和足球。我并不知道这是为什么。当时我认为这样毫无意义，但最终这给我带来了成为领袖的机遇，并向我证明我并不擅长所有事情，而不是让我只去做擅长的事。这段经历很精彩，目前我仍然喜欢其中一些运动。他们坚持这么做，因为我有时会退缩，不过这些确实是宝贵的建议。"

年轻人可以多尝试一下自己不擅长的领域，也许你会发现新的自己也不一定。正是小时候的不断尝试给比尔·盖茨的成功奠定了结实的基础，其实我们也可以用同样的方法来实现自己的梦想。人只有勇于尝试自己不擅长的领域，才有可能成功。

20多年前的曹卫东只是一个成绩刚刚达到70分的"中等生"，在所有人的眼里他只是一个平凡得不能再平凡的人。可是意外总会发生，仅仅10年的时间，上海市永嘉路一幢临街的小洋房里就诞生了一家名为“百马”的房地产营销公司，10年内完成近400万平方米建筑面积的销售业绩，实现近300亿元销售回款。而做出这个成绩的正是曹卫东。

1992年底，曹卫东毅然放弃铁饭碗，只身来到海南，当时恰逢海南炒地热，他成为了一名房地产公司的职员，并与房地产开始有了第一次的接触。策划、营销、推广的实战工作，为他之后的创业积累了经验。7年后，国内房地产业已到了谷底，曹卫东感觉机会来了。他与志同道合的朋友共同成立了百马公司，开始涉足房地产营销领域，这是百马集团的最早雏形。

2006年底，曹卫东联手海外艺术基金正式介入文化艺术、传媒领域，启动上海壹号美术馆项目。从房地产跨越到艺术品投资，商业与艺术的触碰，这两者怎么看都像是两个没有血缘关系的陌生人，但是曹卫东却用多元化的定位将两者联系在了一起。

2008年百马集团成立华世同信息科技有限公司，正式进军网络传媒领域，2009年4月上线的畅游无忧网通过B2C平台，在向国内产权式酒店业主提供住宿权置换、入住预订、住宿权交易、投资理财等服务同时，又建立了在线酒店联盟系统，整合度假酒店闲散空置资源。

曹卫东说：“新领域就是应该不断尝试，只有给自己和公司注入新的活力，一切才能向好的方向发展。”

张靓颖推出的新专辑《第七感》与以往的风格大相径庭，一时成了各界的关注点。在接受媒体采访时，被问道为什么会选择跨界模式来呈现自己的新专辑时，张靓颖说：“我希望可以传达一个音乐是值得投入的态度。近些年我被问了太多次乐坛不景气，我怎么看之类的问题。我特别不爱听到这些提问，我希望用自己的实际行动证明它值得我们去做更多事。我的音乐是从零开始的，我对时尚的关注也是从零开始的，我希望自己的音乐更立体，所以我愿意去加入时尚的元素，使它更丰富。通过与时尚跨界的尝试，希望大家可以看到我为音乐服务的精神，张靓颖可以为了音乐做自己不擅长的事情。”许多事，都是要经过不断尝试才会成功的，如果因为一次失败就退缩了，那就永远不会成功。

邓琴大学毕业后就来到了一家国企工作，由于工作比较努力人也热心肠，所以得到了老板和同事的一致好评。

邓琴平时看起来总是一副大大咧咧的样子，而且说话还非常幽默。只要有她的地方就有笑声，不管是生气的还是有心事的人，她总是能过去把她们逗乐。但是邓琴有个弱点就是不敢唱歌。

每次大家聚会去KTV的时候，她就像是变了个人似的，一个人坐在沙发上发呆。一有同事让她唱歌，她就婉言拒绝。她的老板挺喜欢这个平时嘻嘻哈哈的姑娘，不想看到她这样，就对她说：“每个人都有自己不敢做的事情，如果你不尝试突破它，你就会永远陷入那件事情的漩涡中。人只有试了才知道自己适不适合，即使不适合也没有什么损失。”

然后邓琴尝试了一下，由于长时间没有唱歌，刚开始唱得比较生涩，不过慢慢地唱着唱着就找到感觉了。虽然唱得不是很好，但是至少也不难听。最大的收获是，邓琴突破了心里的障碍，再也不害怕唱歌了。

多去尝试，你会得到更多的东西，即使不能收获到事情的本身，你也可以突破心理的障碍，得到自信与正能量。对待任何事情都不要轻易说“不”，因为很多事情只有自己去做了，才知其中的奥秘，也只有大胆地去做了，你才会明白原来有些事情并非高不可攀。

我们的人生路上还会遇到更多的艰难险阻，如果连眼前的困难都克服不了，何以继续走下去。就像我们打游戏一样，不通过第一关永远也不可能通过第二关。当我们走到最后一关时，再回头来看第一关，你会发现要通过是那么的容易。所以多去尝试，任何事情做得多了也就简单了。

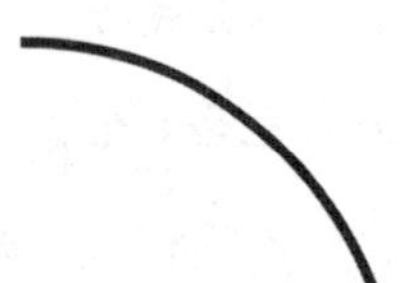

年轻多换换工作没什么不好

对于年轻人来说，如果一份工作一直干到退休，是否会有一些不甘心？或许很多人会想，我在原本的公司已经一年了，再有不久就会升迁了。但你有没有想过，你真的适合你现在从事的工作吗？或者说你热爱你目前的工作吗？

对于年轻人而言，多换换工作其实是一件好事，在初入道的时候多换工作，寻找自已的目标，给自已定好位，但一旦定好位就要沉下心来专一地研究这份工作才是长远之道。

经济管理专业的高校毕业生张新涵是“人才派遣”里面的成员。张新涵说她刚刚大学毕业，不知道从事什么行业好，万一选错了就得后悔终身。

恰巧在这时黑龙江的哈尔滨市推出了一种全新的用人模式，受到了社会各界的广泛关注。这是一种专门针对应届毕业生的“人才派遣”，目前，已有2000多名应届毕业生自愿“入库”，打破了“铁饭碗”的传统观念，“人才租赁”开创了毕业生就业新理念。

自从发现有“人才派遣”这个单位后，张新涵终于不再迷茫了。她可以趁着年轻有干劲，多换几份工作，以获取更多的工作经验，从多方面锻炼自己的能力，然后找到合适的目标再干就得心应手了。于是她自愿与市人才市场签订了派遣协议，现在已被某金融机构“租用”，“只签了两年约，两年后我还想换别的工作试试，年轻人就要勇于尝试。”张新涵说。

年轻人不应该待在“温室”里不思进取，多换几份工作积攒点社会经验以及谋生技巧，对自身也是一种锻炼。当然，频繁地“跳槽”也是不可取的，那样就会顾此失彼，得不偿失了。在跳槽之前应该先考虑清楚自己的目标是什么，什么样的工作适合长期去干。

选择一份合适的工作，不管是对自身还是对前途都有着重大的影响。安田佳生提出：“选择什么样的工作，就选择了什么样的人生。”确定人生目标是选择工作的先决条件。先问问自己，自己究竟想过一种什么样的日子，想以一种怎样的方式去生活。比如，你充满热情和抱负，喜欢接受新鲜事物，相拥有充满挑战的人生，却选择去了一家像养老院一样清闲的事业单位工作。那你每天的工作都将成为你理想与现实的痛苦拉锯战，其结果也只能是两种：一是你妥协了，热情渐渐被消磨，志气一点点被减弱，慢慢地，你也变得死气沉沉了。二是你最终还是无法习惯于这样的生活，经过复杂且长期的心理斗争，最终还是选择继续为自己的理想而奋斗，或是选择自己想要的生活。而残酷的是，到时候你是否还能适应一直快节奏且充满竞争的社会，就是未知数了。当然，并不是说事业单位不好，关键是是否适合你，那种生活到底是不是你想要的。

贝尔去拜访自己的老师，老师问起他的近况，他满肚子委屈地说：“我对现在做的工作一点都不感兴趣，与我学的专业也不相符，整天无所事事，工资也很低，只能维持基本的生活。”

老师吃惊地问："你的工资如此低，怎么还无所事事呢？"

"我没有什么事情可做，又找不到更好的发展机会。"贝尔无可奈何地说。

"其实并没有人束缚你，你不过是被自己的思想抑制住了，明明知道自己不适合现在的位置，为什么不去再多学习其他的知识，找机会跳出去呢？"老师劝告贝尔说。

每个人都有自己与众不同的特点，要想找到适合自己的位置，最根本的一点是对自己所擅长的一方面有所了解，从更深的层次来说，就是天赋的问题。比如有的人精力充沛，活泼好动；而有的人则感情丰富；还有的人沉默冷静，逻辑思维能力强……再加上后天所接受的教育不同，生活的环境不同，使每个人都有了自己的特长，也就是自己的兴趣。

有的人擅长科研技术方面，适合科研工作；有人擅长统筹工作，适合行政管理；有人擅长社交，则适合公关、营销等工作。如果非得让科研技术人员搞行政管理工作，虽然他在技术上过硬，但不一定能管理得好。比如当年的鲁迅，在中国被称为"东亚病夫"的黑暗年代，鲁迅抱着医学救国的热情东渡日本留学。当他从电影里看到日本倭寇残忍地杀害中国的民众，而周围的国人竟然都无动于衷时，他的内心受到极大的震动，他觉得"凡是愚弱的国民，即使体格如何健全，如何茁壮，也只能做毫无意义的示众材料和看客，病死多少也不必以为不幸的"。他毅然弃医从文，立志用手中的笔来唤醒沉睡的中国民众的灵魂。鲁迅选择了适合自己的职业，为国家做出了巨大的贡献，同时也成就了自己的荣誉。

学一门一直想学但始终没学的技能，挖掘自己新的潜能

也许你从小就有一个梦想，学点自己喜欢的东西。念书的时候要学习，分不出精力；工作的时候要挣钱，分不出时间。因为种种原因梦想始终没能实现，最后被搁浅了。如果你一直不付诸实践的话，梦想永远只能是梦想，不可能实现，到老的时候只能成为一种遗憾。所以，你应该抽出时间来学一门一直想学但没有机会去学的技能，相信学的时候会很容易的。

有位哲人说过："当你所做的事情是你自己的爱好时，你会发现你做起事情来就会事半功倍，爱好能够让人变得聪明，爱好也能够给人带来动力，做自己喜欢做的事情就会在行程中得到快乐，在困难中得到鼓励！"

陈帆毕业后由于专业原因分配得特别不好，而且一待就是七年。这七年，跨越了她最好的年华。她所在的国企不死不活，混日子还行，想要有更好的发展前途是不可能了。陈帆喜欢弹钢琴，在小的时候家里有台破钢琴，陈帆一直爱不释手。陈帆到了学校后，慢慢地就再没有碰过那台钢琴。直到大学毕业以

后，她知道自己待在所在的单位不是长久之计，于是就利用业余时间开始学钢琴，梦想或许有一天能成为职业的钢琴选手。这一练就是七年，由于是自己喜欢的技能，所以七年时间她从来没有中断过练习，奇迹般地坚持了下来，现在她在器乐界已经小有名气了。

人往往在做自己喜欢的事情时，能够投入大量的精力也不感到疲乏，而且会拥有做其他事情时3倍的专注力。强大的专注力可以使我们的潜能得到最大限度的开发，从而实现自己的目标。美国知名学者奥图博士说："人脑好像一个沉睡的巨人，我们均只用了不到1%的大脑潜力。"一个正常的大脑记忆容量有大约6亿本书的知识总量，相当于一部大型电脑储存量的120万倍。如果人类发挥出其一小半潜能，就可以轻易学会40种语言，记忆整套百科全书，获12个博士学位。

人脑的潜力是无限的，开发出多少潜力你就会有多大的能力。例如《阿甘正传》里面的阿甘，一个从小智商被医学界定义为75的低能儿，经过不懈的努力，最后终于成了橄榄明星、民族英雄、国会勋章获得者、乒乓球明星、百万富翁。所以，只要你愿意去做自己喜欢的事情，一定能够像阿甘一样不断开发出新的能量，直到实现目标。世界上没有什么事情是做不成的，就看你愿不愿意去做。

晓涵是某高校毕业的研究生，现在已经拿到了硕士学位。凭借着优越的条件，晓涵进入了一家外企高层。每天八个小时的工作倒也惬意，但是干了一段时间后，晓涵发现自己变得懒散了很多，没有了当初学习时候的冲劲了。于是，她决定再自学一门专业来提高自己。她以前学的是软件开发，现在选择了一门和以前相差很大的汉语学。之所以这样选择是因为她对自己的严格要求，只有这样才能增加脑力的开发。她相信自己一定可以的，果然仅仅用了一年，她就获得了文学学士学位。晓涵说："人只有不断地尝试新鲜的东西才能获得新的能力，才能有新的成长。”

只要你愿意去尝试新的东西，一定会有新的成长。国内知名明星吴尊由于工作繁忙，所以在某次生日当天没有举办派对，一直在工作中度过。记者采访问及有何愿望时，他却称并没有什么真正的愿望，只希望自己能不断地学习与尝试新的东西，让自己更有成就感。

成就感，顾名思义，就是“成就以后的感觉”，获得成就感可以让一个人满足而愉悦。只有在学习新的技能之后获得成功才会有这种感觉，所以，趁着年轻利用业余时间开发新的潜能，学习一些新的东西吧！哈佛有一个著名的理论：人的差别在于业余时间，而一个人的命运决定于晚上8点到10点之间。每晚抽出2个小时的时间用来阅读、进修、思考或参加有意义的演讲、讨论，你会发现，你的人生正在发生改变，坚持数年之后，成功就会向你招手。

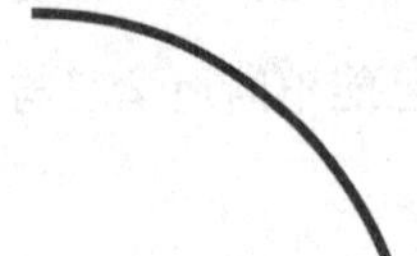

未知的工作领域中存在着更多机遇

网上曾经流传着这样一个故事：一个旅者来到一个城镇看到这样一个奇怪的现象，死囚行刑前有一次选择的机会，是选择被就地枪决，还是进入一个黑漆漆的山洞，生死由命。奇怪的是没有一个囚犯选择后者。旅者问狱警山洞里是什么，狱警回答道，什么也没有，只不过是通往另一个城镇的通道罢了。而所有的死囚逡巡徘徊在那未知的山洞前，最后选择了一目了然的枪决。

恐惧，源于未知。未知是恐惧的根源，通常，人们总会对未知的或者不确定的事情或领域充满恐惧，踌躇不前。因此，我们只要认识到一件事情的本质，那么，所有的事情都将明了，也就没有恐惧存在了。从上面的故事中我们可以知道：你的恐惧、你的不安，完全是因为不了解，不明白。

恐惧从心理学的角度来讲是一种有机体企图摆脱、逃避某种情景而又无能为力的情绪体验。恐惧，它远比害怕深刻。害怕是现在的，恐惧则可以针对未来和未知的事而发生。害怕大多是对一个具像，举个例子，一只怪兽向你扑过来时你的感觉就是害怕，而恐惧则是你不知道什么时候会碰到野兽、会不会碰到野兽。恐惧和焦虑的情绪，可能是没有具体对象、无边无际的。

未知是对生死的未知、对成败的未知、对前途的未知，这个世界充满变数，而我们却无法知道下一刻将要发生什么。所以，我们内心中总会时常产生一种无端的恐惧。

1995年，“杭州英语最棒”的31岁的马云受浙江省交通厅委托到美国催讨一笔债务。结果是钱没要到一分，却发现了一个“宝库”——互联网。在西雅图，对计算机一窍不通的马云第一次上了互联网。马云当时就意识到互联网是一座金矿，开始设想回国建立一个公司，专门做互联网。

回国当晚，马云约了24个做外贸的朋友，也是他在夜校名义上的学生，给他们介绍，结果23个人反对，只有一个人说可以试试。马云想了一个晚上，第二天早上还是决定干，哪怕24个人都反对，他也要干。

马云是个敢想敢干的人，为了互联网的项目，马云立刻投入7000元，又从自己的家人、朋友那儿凑了两万元，创建了“海博网络”，“海博网络”从此成为中国最早的互联网公司之一，产品就是“中国黄页”。

一年后，32岁的马云艰难地推广着自己的“中国黄页”，在很多没有互联网的城市，马云一律被称为“骗子”，但马云仍然像疯子一样不屈不挠，他天天都这样提醒自己：“互联网是影响人类未来生活30年的3000米长跑，你必须跑得像兔子一样快，又要像乌龟一样耐跑。”然后出门跟人侃互联网，说服客户。业务就这样艰难地开展了起来。1996年，营业额不可思议地做到了700万！也就是这一年，互联网渐渐普及了。

马云的成功绝非单单因为他比我们早创业10年！也许你认为马云恰逢时运，你生不逢时；也许你认为马云资金雄厚，你身无分文；也许你认为马云运气高照，你霉字当头。但你不要忘了马云两次高考落榜，做过搬运、蹬过三轮、当过小贩；你不要忘了阿里巴巴创业之始35个人挤在一个房间，大家要集资才能创业，马云要靠借贷才能发工资。

马云对我们的意义，更在于马云说过“如果马云能够成功，我相信中国80%的人都能成功”，如果你能像马云一样敢思、敢想、敢说、敢做、敢为天下先，那你也可能实现自己的阿里巴巴帝国。我们常常羡慕别人取得的成就，却往往会忽略了自己也有创造奇迹的可能。向着未知的领域奔跑不仅仅需要勇气，还需要毅力。像马云一样拿出勇气再加上毅力，你也可以创造奇迹。

未知领域里存在着危险，但更多的存在着等待被人发现的宝物，只在我们所熟知的领域里徘徊，难免使我们局促一隅，错过很多精彩的内容。积极地挑战未知，做到不满于现状，更要勇于去打破现实。

克服未知最好的办法就是了解，只有了解到事情的本质才不会无端地恐惧。而想要了解一件事情的本质也只有一个办法，那就是去面对。

启明大学毕业后就来到一家公司做编程，一待就是三年。在这三年中他感到的只有无聊与枯燥，早已没有了当年的激情。他想要换个行业，换个充满活力每天热血沸腾的行业。

有朋友推荐他去做销售，说在那个行业没有谁不是热血沸腾的，因为不去拼搏就意味着没有饭吃。启明也很赞同朋友的话，但是他没有勇气去做销售，因为他没有接触过那个行业，他怕风险太大，自己干不了怎么办。

这时候，启明的女朋友对启明说：“我相信你，只要用心干一定会成功的。”启明终于下定决心去干销售，他去了一家房地产公司。在前期的时候确实有些不顺手，但是启明坚持了下来，他相信自己一定可以的，果然半年后启明开了一张大单，接着越做越顺手。由于不懈努力，三年以后启明终于晋升为公司的总监了，前途不可限量。他说：“销售也没有想象中的那么难，难的是自己对于未知的恐惧。”

未知充满着危险，同时也伴随着机遇，只有勇敢迈出这一步的人才能有大的作为。如果你正在从事的行业让你感到枯燥、乏味，不妨换个行业，说不定就柳暗花明了。生命不会停下探索的脚步，就像历史的车轮，无论是光辉的日子，还是阴霾的岁月，它都会无声地辗过。所以当你心情沮丧，不妨畅想一下未来，拐过这个路口奔跑。

为了内心的追求，放弃一份不喜欢的工作

“你的时间有限，所以不要为别人而活，不要被教条所限，不要活在别人的观念里。不要让别人的意见左右自己内心的声音。最重要的是，勇敢地去追随自己的心灵和直觉，只有自己的心灵和直觉才知道你自己的真实想法，其他一切都是次要。”乔布斯是这样说的，也是这样做的。

乔布斯从小就很迷恋电子学，初中时，乔布斯在一次同学聚会上，与学校电子俱乐部的会长斯蒂夫·沃兹尼亚克见面，两人一见如故。乔布斯大学只念一学期就放弃学业选择休学，成为一家游戏机公司的职员。那时，他借住在朋友沃兹家的车库，常到社区大学旁听书法等他感兴趣的课程。他赚钱前往印度灵修，吃尽苦头，只好重新回去继续做一名工程师。

安定下来之后，乔布斯继续自己年少时的兴趣，常常与沃兹尼亚克一道，在自家的小车库里琢磨电脑。他们梦想着能够拥有一台自己的计算机，可是当时市面上的计算机价格极其昂贵，于是他们准备自己开发。制造电脑必需的

就是微处理器，芯片也同样价格不菲。两个人并不灰心，仍继续寻找，终于找到了价格低廉的芯片。两个欣喜若狂的年轻人回到车库，开始了自己伟大的创新。将6502微处理器和接口及其他一些部件安装在芯片上面，通过接口将微处理器与键盘、视频显示器连接在一起，仅仅几个星期，电脑就装好了。乔布斯的朋友都震惊了，他们更没想到的是这个东西会给以后的世界带来的巨大影响。乔布斯立即估量出这种电脑的市场价值所在。为筹集批量生产的资金，他卖掉了自己的大众牌小汽车。就这样，他们有了1300美元的创业资金。乔布斯和两个朋友签署了一份合同，成立了一家电脑公司。公司的名称由偏爱苹果的乔布斯定为苹果。

你自己的生活，你有绝对的权力来决定如何度过，不要被其他人的行为和言论所束缚，更不要因为安稳而做着自己不喜欢的工作。不要害怕，不要担忧，不要犹豫不决，过自己内心真正想要的生活，做自己真正喜欢的工作。乔布斯如果没有听从自己内心的声音，而只是按照外界的规则生活，那他就不会对世界产生如此巨大和长久的影响。如果别人认为你疯了，你就离成功不远了。

成就一番轰轰烈烈的大事业唯一的方法，就是对自己所从事的工作充满热爱。生命有了意义和价值，自我便有了使命感，即使身处于困境你也会感觉良好。但是，如果现在你所从事的工作不能带给你激情，那你则需要继续寻找，听从自己内心的声音，终有一天你会找到的。

一个打工仔早年与潘石屹一起在南方打工，潘石屹给他的印象是永远都不安分，一个月领300多块钱工资，他已经很知足了，但潘石屹觉得不行，带着他辞掉工作，再去找，从基层干起。

然后潘石屹当上了厂长，月入8000多元，他觉得潘石屹太了不起了，这辈子都不用愁了，说我们就这样待着吧。但潘石屹觉得还是不行，还要往更高的地方折腾，结果后来两个人搞得一无所有了。这个打工仔跟潘石屹说：“哥们儿，我受不了了，我要安定的生活，稳稳当当地活着，我不能和你再这么瞎折腾了，我要跟你分道扬镳。”结果事隔多年，他还在打工，还是一个工人，潘石屹已经是一个身家上亿的大老板了。

每个人生来就随身带着一项使命，它决定着我们的渴望渴求、兴趣爱好、好奇心和兴奋点。这是你今生要达成的任务，你不需要任何老板、老师、父母等所谓的权威来评断，也不需要任何权威来帮你来决定。你需要做的就是听从自己内心的声音找到你的使命，尽己所能把使命完成。不要让安稳和舒适埋葬了你的使命，为了实现生命的根本意义牺牲一点又有何妨?

现在问一问自己的内心：“我是想要安稳舒适的一生，还是想要轰轰烈烈的一生？”二者没有好坏对错之分，选择哪个将来会不会后悔就要看你的价值取向了。安稳的生活不是不好，在家附近找工作上班、有地方住、有饭吃，大部分人都是这样的生活方式。但如果你没有理想会过得不幸福，那安逸又有什么用呢?如果你是因为恐惧而放弃自己内心的追求，那你就需要战胜恐惧。年轻就是最大的资本，奋斗过，拼搏过，无论成功与否，年老回忆起来也不会为自己当初的犹豫不前而后悔。

追随自己的心不难，即使生活水平暂时比较低，你也会活得很快乐。当你做你喜欢的事情的时候，你永远会尽全力做到最好，创造出一个又一个出众的成绩，感到人生是一个让你不断获得快乐的游戏，每天都精彩无限，投入其中、乐趣无穷。

想象一下五六十岁的时候自己要做什么，变成什么样的人，而不是忙忙碌碌、浑浑噩噩地走向错误的方向。

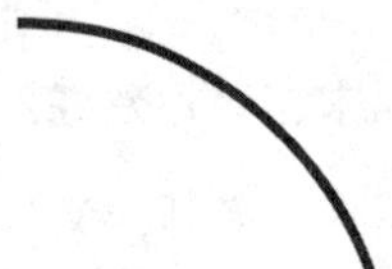

价值观是职业选择的原点

人们常说选择的表面层次代表你的目标，选择的深层层次代表你的价值观。一个人的价值观决定了他的人生态度，从而决定了这个人的职业取向、职业选择、职业状况、生活方式，最后决定了这个人是否能够成功。既然价值观这么重要，那么什么是价值观呢？

价值观是基于人的一定的思维感官之上而作出的认知、理解、判断或抉择，也就是人认定事物、辨别是非的一种思维或价值取向。假设你现在面临就业，且有多个选择，你可以选择去做销售，薪酬没有保障，但如果你努力的话可能会获得高薪；你可以选择去做行政，工作稳定但未必有很大的挑战；你也可以选择去做导游，因为你觉得这样可以看到很多优美的风光。无论你做出哪一种选择，你肯定认为这种选择对你而言是最有价值的。冥冥中支配你做出这种选择的就是你的价值观，是你未必很清楚地知道或者了解的你的价值观。

价值观支配着我们完成生活中的每一件事，从我们日常的衣食住行到我们选择工作、教育孩子的方式，这一切都深受价值观的影响。

一天，一个小和尚跑过来，请教禅师：“师父，我人生最大的价值是什么呢？”禅师说：“你到后花园搬一块大石头，分别拿到菜市场、博物馆、古董店去卖。假如有人问价，你不要讲话，只伸出两个指头；假如他跟你还价，你不要卖，抱回来，师父告诉你，你人生最大的价值是什么。”

第二天一大早，小和尚抱块大石头，到菜市场上去卖。这时来了一个家庭主妇，愿意出20元钱买他的石头，说刚好可以拿回家去压菜。

第三天早上，小和尚抱着石头去了博物馆，这时有人愿意出2000元买他的石头，说刚好可以做一尊雕像。

第四天，小和尚又抱着那块大石头来到了古董店，这次竟然有人愿意出20000元买他的石头。还问它从哪里出土的，收藏起来一定很有价值。

第五天，小和尚抱着石头去找禅师，问他人生中最大的价值是什么。

禅师摸摸小和尚的头，慈爱地说：“孩子啊，你人生最大的价值就好像这块石头，如果你把自己摆在菜市场上，你就只值20元钱；如果你把自己摆在博物馆里，你就值2000元；如果你把自己摆在古董店里，你值20000元！平台不同，定位不同，人生的价值就会截然不同！”

为什么一块普通的石头会这么值钱呢？为什么不同的人愿意出不同的价钱去买它呢？因为我们内心深处都拥有一个强烈的影响外在行为的价值观，我们都有让自己的行为与心灵深处的价值观保持一致的倾向。在我们身体的内部好像有一套完全独立的组织一样，可以根据内心的价值观来检查我们的行动。

当我们的行为违背了自己的价值观时，我们就会感到非常的痛苦；而当我们的行为遵从了自己的价值观时，我们会感到内心的充实。比如如果你认为贡献很重要，那么很清闲的工作会让你难以忍受；如果你认为亲情很重要，那么总是加班的工作会让你痛苦。让我们内心感到不舒服的工作我们可以间接地看作是一种失败，即使腰缠万贯也不会是你想要的。

蔡明亮是一所高校的毕业生，由于学的专业比较热门所以毕业后很快就找到了一份不错的工作。这份工作蔡明亮干得不错工资也挺高，所以一干就是三年。但是蔡明亮发现这份工作不是自己内心的追求，不符合自己的价值观，干着不舒服。于是，蔡明亮辞掉了现在这份还算不错的工作，竟然去了一家饭店当起了服务员，大家都觉得蔡明亮脑子出问题了。蔡明亮没有解释，他在饭店干了半年以后就自己开店了，凭着自己的理论和在饭店学到的实战经验慢慢地做出来一些规模，接着越做越大，现在蔡明亮的店已经是一家五星级酒店了。

判断职业发展是成功还是失败，就要看它是否是你想要的生活，你的职业所带来的生活方式是否符合你的价值观。当一个人明确了自己的价值观以后，心态也会变得平衡许多。比如你碰到一个比你薪水拿得高的人，也不必羡慕，因为他们的价值观就决定他们想要的是成就感，同时他们也会失去很多东西，比如天伦之乐和某种程度上的身体健康。你可能没有很高的薪水，但你得到了充足的时间。

我们职业发展的目标不应该是薪资的多少，而是得到了多少自己想要的。即使是很多成功的职业人士，他们早期的目标也没有单纯地考虑金钱而是更多地追求自己的梦想，按照自己的价值观去发展，应该说，这样的人反而会成功，金钱是职业发展所带来的副产品。当你按照自己的梦想去追求而后成功，所有美好的东西都会朝你拥来，包括金钱。

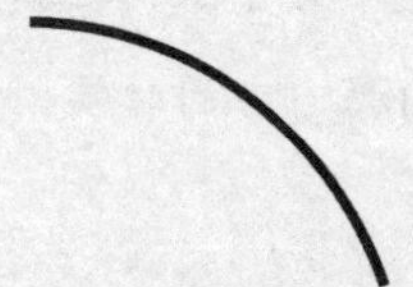

适合自己的工作就是最好的工作

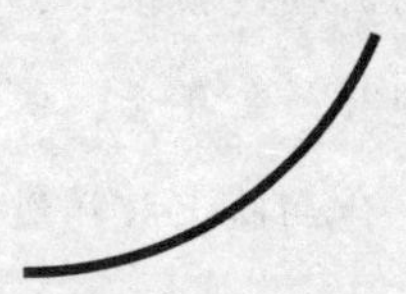

人们在工作上遭受到打击的时候，总是会仰天悲叹：“为什么我已经很努力了，还是会失败？天下之大，哪里才是我的容身之所？”长叹完之后就又接着努力去了，撞到南墙也不回头。他们认为只有坚持、忍耐才是成功的法宝，现在的失败只是自己的坚持还不够。他们在坚持的时候很少会去想一想，自己的才能是不是放错了位置？

张志忠长期从事企业战略的顾问工作，曾给很多濒临破产的企业开出起死回生的“药方”，他想自己既然能指导别人取得成功，那自己也一定能打造出一个成功的企业。于是，他毅然辞去了企业顾问的工作，自己开公司当老板去了。让他想不到的是，他以前那些灵验的“药方”放在自己的企业里竟然失效了，虽然每天累得筋疲力尽，也未能打造出辉煌的成功，坚持了两年就倒闭了。

古人说：“长袖善舞，多钱善贾。”不要轻易地否定自己，也不要模仿成功人士的方法，因为成功根本不可能复制。别人那样做可以成功，不代表你那样做也可以。你可以换一种方法试试，上帝对每一个人都是公平的，只是每个人成功的方式不同罢了。即便你身患残疾也可以拥有成功，只要找到自己的特

长并去发挥它，就能顺利登上成功之巅。

有一个叫陈建宁的小男孩，从出生的那一刻他的世界就是一片漆黑，连上厕所都需要别人的帮助，他觉得自己是个无用的人。就在他自暴自弃的时候，他的妈妈送他去学习了按摩。

在按摩院，他终于找到了自己生命的位置。他聪明好学，进步很快，不久就能独立工作了，学成后，他被介绍到一家医院工作，他边工作边提高自己的技术。三年后，他筹集资金，开了一家自己的按摩院，开始的时候规模很小，只能容纳几个人，在他的努力下，一年后，按摩院就扩大了规模。三年后，他又开了另一家按摩店，生意做得红红火火。说起他的按摩院，他的脸上就洋溢着自信的光芒，他说自己终于找到了人生的价值。

当然，大多数人都是健全、正常的，在工作的时候不会遇到像残疾人那么多的局限，正因为有了更多的选择性，也使得他们将自己放错位置的几率大大提高。由于他们什么都可以干，不管干好干坏至少可以干，所以常常把自己放在自己不擅长的领域里浪费时间和精力，他们觉得现在的工作如同鸡肋，食之无味，弃之却又可惜，于是就懒得改变。

三百六十行，不是行行都适合你，只有找到自己的位置，你才能到达通往成功的起点。如果只是茫然地虚度时光，一辈子都只能在失落中徘徊，无所成就。

很多刚刚踏入社会的大学生总是血气方刚，认为自己无所不能。其实事实并不是这样的，没有谁是万能选手，无论是在职业发展还是事业的发展道路上，首先要做的就是找准自己的位置。

一个人将来究竟可以走多远，有多成功，很大程度上都决定于自己对自己的认识和定位是否准确。只有找到了适合自己的目标，个人才能发挥出自己的特长。而从事热爱的工作，你也容易获得幸福和快乐，也最容易在事业上取得最大的成功。定位的方法可以从以下三点参考：

1.爱好。爱好应该放在人生规划的首位来考虑。因为只有你喜欢这个职业，你才可能去主动投入，而也只有你主动投入了，你才可能有收获，才可能会取得成就。如果你不喜欢这个职业，所有的工作你都是在被动地接受，这样就会很难用心去干，也难以有大的收获。所以，当你决定从事一个行业时，你要问自己是否真的因为喜欢这个行业才选择它，还是抱着试试看的态度或其他原因。

2.性格。正所谓江山易改本性难移，一个人的性格是很难改变的。但也并不是不可改变，爱好浓烈就可以改变一个人的性格。通常性格被分为“外向、中性和内向”，看看你属于哪一种？和你性格相冲的行业会让你感到痛苦，比如内向人不适合做销售，外向人不适合做会计，中性人不适合做压力太大的工作。当然事无绝对，这只是针对大多数人而言。

3.特长。特长分为基础特长和专业特长，基础特长如沟通能力强，组织能力强等。专业特长如计算机熟练、擅长策划等。在市场经济条件下，职业人的流动性增强，改变外部环境的空间加大，因此如何最大限度地发挥自己的优点就成为了自我完善的核心。世界上没有完美的东西，自然也没有十全十美的人，特长的发挥成为一个人取得成功的关键，因为有时候不足很难弥补，况且有弥补不足的时间还不如用这个时间去发挥自己的优势。

如果仔细去观察的话，就不难发现那些成功人士都有一个共同的特征，那就是在他们的心里都有一把丈量自己的尺子，知道自己最适合做什么，坚守在自己的位置上，专注耕耘，就一定会有一个丰硕的人生。例如当初擅长编程技术，又具有法律经验的比尔·盖茨和艾伦合伙创立了微软公司，他们以自己的长处奠定了自己在这个产业的坚实基础。一直到现在，他们也一直不改初衷，“顽固”地在自己的位置——软件领域耕耘，而从不涉足其他任何一个赚钱的领域，才有了如今的成就。

歌德说过：“你最适合站在哪里，就应该站在哪里。”一粒饱满的种子，只有在肥沃的泥土中才能茁壮成长，如果你把它种在贫瘠的土地上，即使这粒种子的本质再好，也难以茁壮成长。我们成功也是一样，只有想办法把自己的才华放在合适的位置上，才能触摸到成功的光芒。

不要让所谓“稳定”的工作害了你

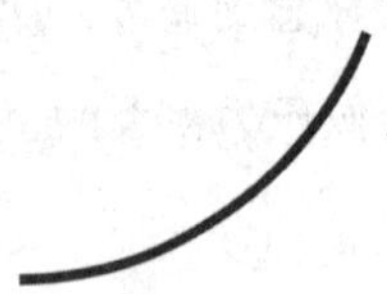

你是不是觉得自己的工作量太大，工作时间长，且工作的收入也不高呢？是不是也纳闷，为什么自己努力地奋斗了那么多年，却还是一个小职员呢？也许你也曾经以为自己才华横溢，也许你曾经也会觉得自己是个旷世奇才，但是，为什么你还是一直在原地踏步呢？你在自责和郁闷的同时，有没有想过，其实你遇到的这一切，都与你自己的选择有关？

生活中，很多人在选择职业的时候，往往会进入求职的误区，他们往往考虑的不是职业本身，而是其他很多外在的因素，比如是否稳定、有保障，可能这也是为什么很多人削尖脑袋想进入国企的原因。其实这种现象在很大程度上是这些人缺乏自信和责任感的表现，求稳定是因为怕承担风险。但如果你认真考虑一下就会发现，不论你从事什么工作，都有风险，都要负责任，社会工作本身就是这样的。

“一眼能看到十年后，没有挑战，找不到方向，想跳槽又怕失去稳定……”纠结于选择稳定的工作，还是辞职去寻求更大的发展，这在职场中很常见。

王希华是一名研究生，念书的时候学的是软件开发，出来以后也找到了一份非常不错的工作，待遇好而且稳定。在工作了几年后，王希华发现这份工作并不适合自己，虽然自己干得不错，但是好像缺点什么东西。具体缺什么她也说不清楚，她想要出去找一找。于是她选择了辞职，辞职以后王希华做起了销售，她终于明白自己到底缺什么东西了，缺的是一份激情、一种久违的活力。这种东西伴随着她整个高考，以及整个考研过程中的点点滴滴，而自从有了稳定的工作之后，这种东西就消失了，她整个人也变得麻木了很多。

很多人都希望找一份相对而言稳定点的工作，那么什么样的工作算是稳定的工作呢？工作内容清闲、事情少、所谓的铁饭碗、各种福利待遇等等？曾经被70后80后恪守坚持的“稳定”，如今在90后眼里似乎一文不值。《百度90后洞察报告》显示，对于跳槽，90后比80后更果断：96.15%的人会在条件允许情况下选择“另谋他就”。“一份工作干一辈子”这种无趣的事情对于他们而言是不可能的。

东软集团品牌部部长张晔认为：“很多人都在追求稳定的生活，但大多数人的选择未必就是正确的。稳定是相对的，寄托在别人身上的‘稳定’可变性太大，凭借自己的努力才能获得真正的‘稳定’，市场一定会给你一个相对公平的分数。90后在择业上重视自己的兴趣，对什么是‘稳定’有自己的见解。这本身就是进步。”

1959年冬天，在美国奥马哈俱乐部的一间包房里，一名资深律师会见了一位新客户，两人相见恨晚，相谈甚欢。没过多久，这名律师做出了一个惊人决定——辞去律师工作，跳槽到这位客户的公司。

他这个决定遭到家人的极力反对。毕竟律师已经35岁，并非20多岁的小伙子，早就过了心浮气躁的频繁跳槽年龄段，而且他以优异成绩毕业于哈佛大学法学院后，在加州法院当律师已经有11个年头，工作稳定而体面。假如要跳槽，也一定要朝着更加专业、更加高薪的大型公司法律顾问的方向去努力。

可是，律师不顾家人反对，毅然辞去律师工作，成为客户公司的合伙人，开始从事新的工作——投资。

谁也没有想到，这次跳槽成了律师有生之年唯一的一次跳槽，这份无人看好的投资工作他一做就是55年。时至今日，律师已经90岁高龄，他就是大名鼎鼎的查理·芒格，他的合伙人就是投资大师沃伦·巴菲特，他们的公司就是伯克希尔公司。在过去的半个世纪里，查理·芒格和沃伦·巴菲特这对黄金搭档联手创造了有史以来最优秀的投资纪录——伯克希尔公司股票账面价值以年均20.3%的复合收益率创造了投资神话，每股股票价格从19美元升至84487美元。

假如当年查理·芒格没有勇敢地跳槽，那么极可能一辈子从事着波澜不惊的律师工作直至退休，他也许会成为一名不错的资深法律顾问，却绝对成不了今天的投资大师。

现实中，跳槽虽然会让你浪费掉更多的时间和精力，但是，不是有句话叫做“生于忧患，死于安乐”吗？当然，跳槽太过频繁也就不可取了，适当的跳槽能让你更加清楚地认识自己，更加精确地为自己定位。如果你目前有一份稳定的工作，请你考虑清楚，是否真的想要过这种一眼可以望到底的工作？如果不是，请行动起来，因为行动永远不晚。

CHAPTER

选择一个伴侣，就等于选择一种生活方式

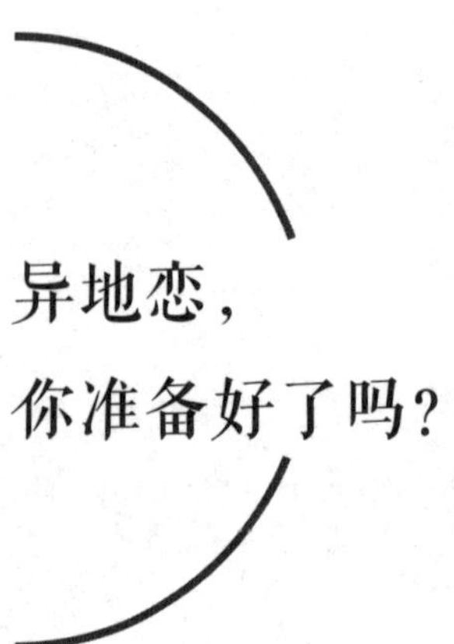

异地恋，你准备好了吗？

在异地恋的话题面前，有的人说：“距离不是问题，关键是心。”有的人说：“距离能产生美。”有的人说：“异地恋注定是分别，晚分不如早分，自己现在就在工作的地方找到了另一个人，过得很幸福。”还有的人说：“虽然现在和自己的女朋友过得很幸福，但是毕业后肯定会分开，自己要抓住时间再好好地爱她，照顾她。”

异地恋，说起来是只要有心两个人就能坚持在一起，可是真正要做到又是多么的艰难。也许有些人能坚持一年两年，甚至五年十年，但是可能有些人刚开始就退缩了。不能说能坚持的人就是真心付出的，而没有坚持的人就不是真心付出过的，可能只是每个人追求的感情道路不一样，每个人对爱的理解不一样吧。对于天天腻在一起的恋人，偶尔的分别反而是爱情的催化剂。

幽兰和张玮大学一年级就开始相爱了，整整四年。期间，他们吵吵闹闹，分分合合。毕业后各自回家，似乎也没什么难分难舍，相反心里还有那么一点庆幸，正好让距离给这段感情画个句号吧。

最初的三个月他们始终没有联系过，谁也不知道对方在想什么。终于到了第四个月初，张玮提出还是见一面吧，有些话还是当面说比较好。幽兰以为张玮要分手，她也想好了，分就分，谁怕谁。

他们在大学期间经常去约会的那个公园见面。在见到的那一刻，他们什么都没说，只是紧紧拥抱在一起。张玮说："我太低估了这段感情对我的意义，我承认我想过提分手，但这段时间让我认识到，什么才是最珍贵的。"幽兰捶了一下他的肩，说："你不知道我这一段时间怎么过的，我是真想你啊，你为什么都不联系我？"她的声音明显带着哭腔。

两个人在一起固然是一件让人庆幸的事情，但是这样的感情往往会缺少一种很重要的因素，那就是思念。古代有《诗经·郑风·子衿》："青青子衿，悠悠我心。纵我不往，子宁不嗣音！青青子佩，悠悠我思。纵我不往，子宁不来！挑兮达兮，在城阙兮。一日不见，如三月兮！"现代有徐志摩的《再别康桥》《偶然》等。

当然，异地恋更是一种考验。如果打算开始一段异地恋，你应该先问问自己——你准备好了吗？你有好好想过接下来的生活吗？不要忘了，这段感情不只你一个人，你的决定也关系到另一个人的付出和努力。地球有70亿人，你们相遇、相爱，和普通的情侣一样，抓住了成为对方另一半的七十亿分之一的机会，如果想要把握好这段感情也是需要一些技巧的：

1.勇气。关于异地恋，首当其冲要提到的当然就是勇气了，现实是一股强大而又无形的力量，我们都无法预计将要发生的情况，但既可以拿出勇气来与这股力量抗衡，我们也可以拿出勇气来接受失败的结果。

2.忠诚。在异地，没有恋人的相伴很容易产生一种心理上的孤独，而这种孤独会勾起很多的东西，也只有绝对的忠诚才能抵挡住来自花花世界的诱惑。

3.信任。异地恋给了对方一种遐想的空间，同时也会让对方产生一种不安

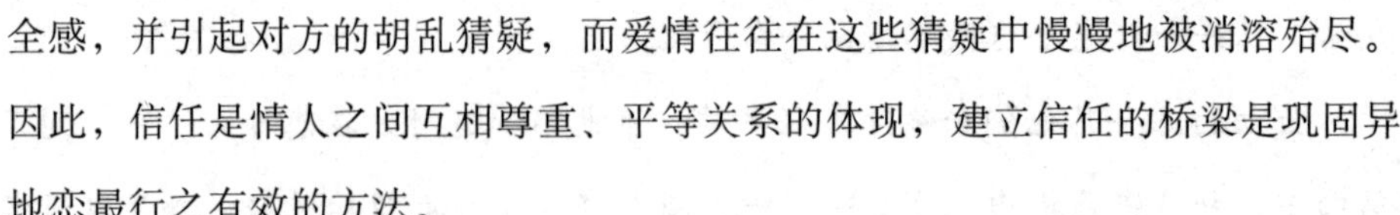

全感，并引起对方的胡乱猜疑，而爱情往往在这些猜疑中慢慢地被消溶殆尽。因此，信任是情人之间互相尊重、平等关系的体现，建立信任的桥梁是巩固异地恋最行之有效的方法。

4.理解。理解是建立在信任的基础上，没有信任就无从去理解，不要因为对方工作繁忙没有及时联系就大发雷霆，你应该明白，你们既然要选择异地恋就要尽量克制自己的情绪，学会理解对方，并体谅对方的辛苦，在精神上做彼此的支柱。

5.沟通。异地恋除了时空带来的距离，心理上的距离也不能忽视，沟通是维持感情并拉近距离的最好方式。

6.目标。异地恋中的情侣应该锁定一个目标，而不应该让这段感情自生自灭，你应该创造一种能够生活在一起的条件。并蒂的莲花终是要生长在同一片泥土里，既然相爱就要相守。不论如何，都应该全力争取。

7.忍耐。在异地恋中等待的日子多过相伴的日子，所以两个人都要忍耐寂寞，忍耐没有拥抱的寒冷，忍耐每天只能倒数计时的焦急。但是要知道，异地恋就是在和时间赛跑，你坚持住了，就胜利了，被时间打败了，就会一辈子错过那个人。所以一定要在异地恋情马拉松中再坚持一下，再坚持一下，只要你能跑完，不需要取得名次，你就赢了！

一段恋情，或者分开，或者在一起，终归会有个结果的。谈过异地恋的人，会比以往更能宽容很多，因为我们不能像普通情侣那样发生了争执之后，马上我来你家说个清楚；会比以往成熟很多，因为我们在需要对方的时候，无法宣泄太多的孩子气，无法去寻找所谓的后备，只能尝试自己复原；会比以往坚持很多，我们可能会想离开、放弃、重来，甚至出现很多的负面情绪，但是在见到对方的那一刻，就都烟消云散，付出得多自然舍弃不得。

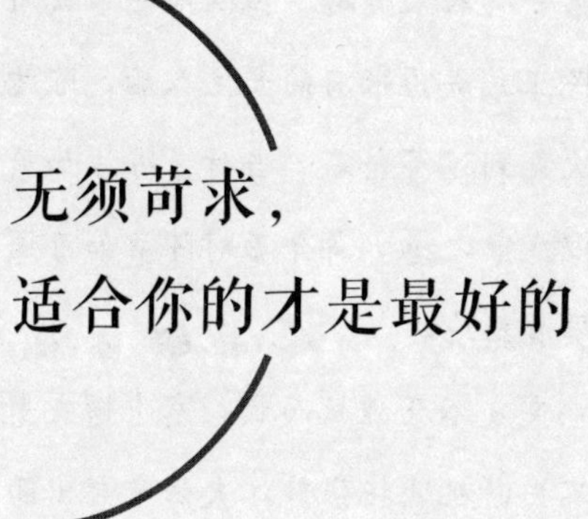

无须苛求，适合你的才是最好的

恋爱与婚姻的不同之处就在于恋爱是凭着感觉来走，婚姻则需要理性客观地做出正确的选择。选择的对与错决定着婚姻的好坏，一段美好的婚姻会造就出一个美满的家庭，一段错误的婚姻则会造成家庭的不和睦，甚至会导致家庭的破碎。

国内各大婚恋网站曾因一个问题发生过网络大讨论，一位会员发表博客声称，自己在很爱的喜欢四处旅游的女孩与温柔体贴适合结婚的女孩之间徘徊不决，不知道该如何选择。一时间，网友们纷纷发帖陈述自己的观点，世纪佳缘CEO、情感专家龚海燕也给出了很多的建议：爱情是婚姻的基础，未来美好婚姻的经营也需要双方共同努力。婚姻不是恋爱，不是一句性格不合就可以拍拍屁股走人。婚姻始终要回归平淡，柴米油盐会消磨当初的信誓旦旦。平淡恬静，才能在婚姻的海洋里驶得更远。

婚姻与爱情都是要用心去经营，结婚后两个人就会被生活中的事情所困扰。如果处理不好，就会引发很多的矛盾，只有选择适合自己的才能拥有一段美好的婚姻。

提起蒋介石，人们就会不由自主地想起第一夫人宋美龄，但两人还未成婚时，蒋介石喜欢的却是陈洁如。1919年朱逸民正式成为张府的女主人后，陈洁如经常应邀前往相聚。在那里，陈洁如第一次见到了蒋介石。当时，陈洁如虽年仅13岁，但由于身体高挑、丰满，已给人以成熟之感。蒋介石对陈洁如可谓是一见钟情，从此穷追不舍，几近疯狂，但屡遭拒绝。

1921年秋，陈洁如的父亲陈鹤峰因心脏病突发不及施救而亡，家中顿失支撑，生活陷入困顿。一直未曾死心的蒋介石不失时机地托张静江夫妇亲自出面做月老，玉成其事。陈洁如在其母亲的安排下，答应了蒋介石的求婚。

1925年11月27日，蒋介石带姚冶诚母子去广东，陈洁如正好在汕头，蒋介石陪姚氏母子路过该地时，生怕两妾相遇，引起陈洁如不快，他在日记中写道："上午同冶诚将经汕，心殊怦怦，恐洁如不悦也。"宠爱之情，溢于言表。

1927年12月1日，蒋为了他的大好河山决定与宋美龄联姻，让洁如避走异国他乡。洁如自然百般不愿意，蒋发毒誓称他与宋不过是政治联姻，5年后必与洁如恢复关系，洁如只得顺从，岂料蒋宋二人的这段政治联姻却稳如泰山，一直相守到老。

蒋介石和陈浩如的婚姻，即使没有宋美龄的出现也不会长久。蒋介石有着何等的野心，他需要的不是寻常的贤妻良母，他需要的是能助他功成名就的女人，宋美龄不论家庭背景、教养乃至长相都与他的勃勃野心相匹配。而陈洁如却是希望蒋介石可以安稳一些，她在自传中表示，她并不期望蒋有太大建树，只想相安无事过平凡的日子。

他不见得是最好的，他只是恰好有你所缺少的，他是你不小心弄丢的那块拼图，有了他，你的生命才完整。张弘说过"婚姻不是1＋1=2，而是0.5＋0.5=1。即两个人各削去自己的个性和缺点，然后拼凑在一起。"

随着年龄的增大，陈可欣想要找一个终生的伴侣。由于陈可欣长得不错、能力也突出，所以追求者众多。有两个人选她觉得可以考虑一下，一个叫徐青，另一个叫陈楠。徐青是她的大学同学，从大学就一直喜欢她没有变过，陈可欣也喜欢这个同学。只是这个同学人比较懒散，到现在了也没有什么大的成就。而陈楠则是她的同事，刚来公司不久就喜欢上了陈可欣。陈楠干活勤勤恳恳，她挺欣赏这个同事的，她相信如果这个同事比她来得早的话一定会比自己有出息，但是自己对这个同事没有那种喜欢。经过理性的职业判断后，陈可欣选择了陈楠。

对婚姻的对象不必太苛求，适合自己的才是最好的。当代女作家铁凝说过，“婚姻跟人的好坏没关系，好人非常多，但他不适合你，可能你也不适合他，这就是情感的难处。”如果只是凭借着自己的一时喜恶就草草地结婚，实属不明智。王若飞说过，“对待婚姻问题，必须严肃，不要饥不择食，不问政治，只看外表，结果弄出很多纠纷，或者生活不到头。”

对象是相守一生的伴侣，不妨问问自己的心，想要的是什么样的，有人说设计员喜新厌旧，军人好服从命令听指挥，火车驾驶员更好因为不敢出轨，可是动车的出轨出人意料。

什么样的鞋子合脚，只有自己才知道。也只有适合你的人才能陪你从陌生到熟悉，日久生情，最终走向婚姻的殿堂。

要选择有相同价值观的伴侣

所谓价值观是指一个人从小到大慢慢形成的人生观、世界观、婚姻观、道德观等，我们对生活中的一些事件，哪怕一些家庭琐事的处理大多与一个人的价值观有关。

如果发生了什么事情，价值观相近的夫妻一个眼神、一个动作、一句话都能知道彼此的想法，看待事物的角度、处理问题的方法容易达成一致，即便发生冲突也容易协调一致。而价值观不同的夫妻，在面对同样一件事情时，往往会产生激烈的冲突，双方在语言上互相埋怨，行动上背道而驰，最终只能分道扬镳。

张华与黄敏是两个价值观不同的人，虽已结婚多年，对彼此的生活习惯早已适应，然而多年的相处并没有使他们更加融洽，夫妻间的裂痕反而随着子女的长大离家而加深。黄敏说：“刚开始结婚的时候，并没有发现我们的性格有什么不合，所以没有过多地考虑就结合了。”不善言辞的她一直努力做好自己本份，尽到做妻子、母亲的责任，一切以行动表示。

张华则认为不是做好家务、照顾好家人就是好妻子，夫妻之间应该有更多情感的交流、心灵的沟通，培养共同的兴趣爱好，这样才有家的感觉，否则只要请个保姆就可以了。张华认为，妻子的冷漠正在扼杀这个家庭的活力和温暖。

两人在婚姻家庭的价值观上的巨大差异使得矛盾激化，争吵在隐忍中爆发，最后又恢复表面的平静。这种情况一直不断地持续着。

每个人身上都有缺点，一个好的伴侣最起码是能包容对方缺点的，而只有价值观相同的人才能做到相互包容。我们出生懂事以后，就面临选择的问题，小时候我们选择喜欢穿什么衣、喜欢吃什么饭菜、喜欢同谁玩；青年时我们选择交什么朋友。选择了价值观相同的人彼此才能谈得来有话聊，能够相互帮助、相互尊重、相互欣赏，共同成长。

韩涛与怡倩已经结婚一年多了，他们结婚的速度非常快，恋爱不到一个月就被父母催促着结婚了。但是怡倩现在对婚姻产生怀疑，觉得自己和老公的价值观不一致。比如，她认为钱够花就行，要保证在一起的时间，但韩涛却认为能多挣就多挣，结果常常回到家就累得不愿与她多交流了；她认为应该趁年轻没负担时多出去玩，多旅游看世界，韩涛则认为花钱去旅游是太自我、对家庭不负责任的表现。为此，他们常有争执，谁也说服不了谁。

假如一方的处事原则是与人为善、信守承诺，而另一方奉行的是损人利己、承诺不兑现，这样的两个人绝对说不到一块儿；假如一方的人生观是崇尚奋斗、不断进取，而另一方的人生观是安于现状、小富则安，这样的两个人在一起，必定会在发生矛盾时激烈争执、互相指责。常言道："不是一家人，不进一家门。"两个价值观不相容的人，总是以自己的理想和标准去要求和评判别人，婚姻中往往是一个指向东、一个指向西，遇到分歧，各持己见，互不相让，谁也说服不了谁，夫妻缺乏凝聚力，冲突在所难免。

价值观的相同与否，决定一段婚姻的成败，想要找到价值观合适的对象可以参考以下几点：

1.彼此非常了解，并且接纳对方，当知道对方了解了自己的优点和缺点后，仍然确信自己被他所接纳。

2.相处过程中有时会有浪漫的时刻，但绝大多数时候，你们的相处是非常满足而且是自由自在的。

3.从最了解你、也是你最信任的对方那里能够得到肯定的支持。

4.有一个非常理性和成熟的交往对象，并且双方都能感受到，在许多不同的层面上你们是很相配的。

5.彼此很容易沟通，可以很敞开地坦白任何事情，而不必担心被对方怀疑或轻视。

6.彼此都是对方的好朋友，不带任何条件，喜欢与对方在一起。

7.当发生冲突或争执的时候可以一起解决，而不是等以后发作。

8.双方都认为婚姻是一辈子的事，而且双方都坚定地愿意委身在这段长期的婚姻关系中。

9.相处可以彼此逗趣，常有欢笑，对生活中的许多事情都会以幽默相待。

10.两人在心灵上有共同的理念，并且对这些观念有清楚的认识与追求。

有位哲人说："男人、女人永远有分歧，也不可能完全了解对方。因此一说离婚，就说性格不合，其实谁跟谁性格都不一样。两个人能成为夫妻，只有一样东西最重要，就是价值观。价值观一致的时候，俩人就在一个阵营里了，其他都可以纠正。"

一见钟情也不要闪婚

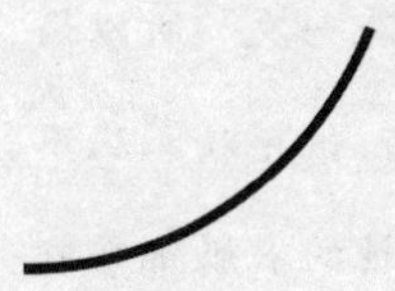

一般来说，婚姻都要经历从相识到相知，再从恋爱到谈婚论嫁的过程。闪婚则只用很短的时间就完成了从认识到直接结婚的过程，有的两三个月，有的甚至十来天就可以成婚。而闪婚的结果通常就是闪离。

在10分钟的视频聊天里，金英奇被张艳俊俏的外貌和头顶的蝴蝶结吸引了。在视频聊天中，两人又发现双方有很多共同语言，于是一见钟情。金英奇在视频聊天中一时冲动，说了一句“我们结婚吧”，没想到张艳竟然迅速答应了。

金英奇开着二手面包车，从河北到重庆与张艳见面，然后金英奇与重庆女孩张艳甜蜜“闪婚”了。婚后的生活并不如当初想象的那般美好。张艳称，结婚前，金英奇什么都没说清楚，也没有说过婚后要在农村生活。同时，金英奇在外面始终有暧昧不清的事情，永远不知道他说的是真话还是假话。金英奇则马上进行回击，称张艳完全是个骗子，结婚前骗他说自己是硕士研究生，其实她只是一个本科生。

根据金英奇老家当地的风俗，结婚第一年必须在男方那里办婚礼，过去后张艳才发现吃住都不习惯。在东北农村睡炕，她全身起红疹，家里没客人时一般都是吃面条，冬天基本不出门。同时，夫妻俩的生活态度和价值观都有太多的不同，金英奇婚后表现出脾气暴躁等问题，并且还会做一些很情绪化的事情，让张艳很难接受。“我非常后悔我闪婚的决定，我怎么就嫁给了这种男人呢!”张艳后悔地说。

金英奇则抱怨张艳在家很懒，并且很挑剔。按照东北当地风俗，冬天几乎都不洗澡，然而即使家里没有洗澡的地方，张艳也硬是要隔天洗一次。所以婚后张艳没有在家里洗过一次头，都是自己开车送她到镇上去洗。张艳在家从不做家务，早上起床也不叠被子，不仅没洗过一次衣服，反而把她的衣服都拿到干洗店洗，太浪费了。

二人便从当初海誓山盟的爱人变成了仇人，婚后8个月因为性格不合就离婚了。

10分钟视频聊天就私定终身，由于缺少了解，二人的离婚是必然的结果。一见钟情主要是外在的吸引，迅速而短暂，基础不牢固，很容易见异思迁。因为两人在爱情观、价值观、人生观上不一定有那么多的共同点，脾气秉性也会有一定的差异，对一个人真正的了解也不是短时间就能办到的。一见钟情的闪婚，能够幸福美满的很少。再相爱的一对恋人或夫妻，都无法逃避原生家庭对婚姻的影响，城乡差异、婆媳关系、彼此是否了解，都是闪婚所忽略的问题。凭一时冲动携手走进婚姻的殿堂却无法给对方一个长久稳定的幸福生活，曾经的山盟海誓又能在心中泛起多大的波澜?

婚姻自古以来就是人生的大事，万不可拿自己的婚姻大事当儿戏，草率地肆意为之。律师称经手的离婚案件至少4成都是闪婚的夫妻，闪婚闪离有风险，投入当谨慎!

柳灵歌是个小美女，追求者众多。在一次朋友聚会中，柳灵歌遇到了风度翩翩的苏晋，两人一见钟情，迅速投入到火热的恋爱中，三个月后苏晋向柳灵歌求婚："嫁给我吧！"柳灵歌当然很想和意中人早日步入婚姻殿堂，但是思前想后柳灵歌还是拒绝了苏晋的求婚。

她告诉苏晋："我们相处的时间还很短，对对方的了解还不够，而婚姻是要两人一辈子在一起，一起面对人生中的各种困难，需要两个人的互帮互助，一起承担起婚姻和家庭的责任与义务，在婚姻中相互包容与理解对方更是少不了的。如果我们因为爱情的浪漫和激情草率地结婚，在危机四伏的家庭里很容易出现矛盾甚至离婚的情况。我们还是再相处一段时间，一切条件成熟了再结婚吧！"

之后两人又交往了两年，认为彼此都很适合自己。他们相处得很融洽，很有共同语言，彼此也相互尊重并珍惜这份感情，且有充足的信心携手一生。双方家长见面后更是很满意这桩婚事，就开始讨论什么时候为两个孩子举办婚礼。

结婚前谈恋爱是一个很重要的步骤，有些人一时兴起，觉得对方还不错，"只是因为在人群中多看了你一眼，再也没能忘掉你容颜"，然后就匆匆闪婚了，结果婚后发现一大堆问题。男女双方即使一见钟情，也不要闪电结婚，应该在恋爱期多考察对方。如果忽视了对方的人品，忽视了人的生活习惯和价值观，那么婚姻既是不可靠的也是走不远的。

一见钟情是婚姻和谐的动力，但不能代表婚姻的全部。恋爱与婚姻有实质性的区别，所以婚前的恋爱时间不能过短，互相深入了解才是比较理智的做法，最起码要了解对方的脾气秉性、性格习惯，觉得自己能接受得了再进一步结婚才不会留下遗憾，而且恋爱时间长了感情能更加稳固。"闪婚"很难"闪"出幸福。

婚姻需要“门当户对”

社会飞速地向前发展，人们的思想也跟着前进，婚姻中讲究门当户的观念好像已经淡出了人们的视线。但对三四十年代的爷爷奶奶辈们来说，还是必须讲究老祖宗留下来的规矩的。门当户对重要吗？在某项调查中，支持、反对的票数分别是25507票、4223票。其实婚姻的确需要“门当户对”，但这种婚姻不是只有“门当户对”而没有爱情。门当户对，首先看的是家庭文化，其次才是经济条件，因为生活环境和生活条件的不同，也就造成将来对人和事物的看法和处事观点不同，这些看法和观点成为一个人或是一家人的习惯，而这种习惯是很难改变的。所以，只有两个人的成长背景和生活方式相似，才能很融洽地生活在一起，要是相差太远，再好的感情也会被这些琐碎的事情冲淡。

然而，有些人认为婚姻不需要“门当户对”，以为真爱可以冲破一切枷锁，学历、财富、相貌……这些外在的东西并不重要，只要心灵相通，相爱的两个人就可以幸福地在一起！但他们忽略了一点，真爱或者说爱情，并不是婚姻的全部。爱情可以不门当户对，但婚姻不行。婚姻是什么？是生活。生活是什么？就是柴米油盐酱醋茶。恋爱时有多么轰轰烈烈又怎样，生活终归是要归于平淡的，平平淡淡才是真正的生活。光有精神上的爱情是填不饱肚皮的，说女人势利，不如说社会现实，没有一定的经济基础，你拿什么让你的爱人幸福无忧？

美嘉毕业后做了记者，听说最近在黔北地区一个特别偏僻的农村里发生了一些灵异事件，美嘉为了取得一线情报，就只身前往那个农村。由于太过偏僻，美嘉整整倒了三趟车才赶过去。虽然到了农村附近，但是要到目的地还有好几里的路程，这时已经没有车辆再愿意前行了。就在美嘉手足无措的时候，一个看起来很是憨厚的小伙子赶着一辆马车过来。美嘉像抓住了救命稻草一般急匆匆地跑过去问路。小伙子一直在农村里住没见过城市人，瞬间被美嘉时髦的打扮惊呆了，脸色立马烧得通红，过了一会儿才不好意思地笑了笑，然后挠了挠头说道："就在前面不远处，山路危险，你坐俺的车，俺带你去。"美嘉看着这个憨厚的小伙子，想都没想就同意了。

就这样，美嘉坐在了小伙子的身后，小伙子怕她不习惯，一直呵斥马走慢一点。美嘉很为他的细心感动，到了目的地，和小伙子约好，等她回来时再来送她去车站。

美嘉采访完，小伙子早早就来到说定的地点接她。但是天太晚了，车站通往县城的汽车要到第二天八点才有。在小伙子的建议下，美嘉决定在小伙子家住一晚上。小伙子的房子很简陋但是收拾得挺干净，什么东西都码放得规规矩矩，让人看着就舒服。美嘉忽然想起了城市人的勾心斗角、尔虞我诈，相比之下，她喜欢上了这个憨厚的小伙子。

后来，他们经常联系，美嘉说如果他们在一起，希望小伙子能搬到自己所在的城市里去住。但是他们在城市里生活了半年后，小伙子就走了，因为他发现那里的人和自己家乡里的人不一样，他们的眼神里充满了冷漠与敌意，这让他感到不舒服。

很多人也许会反驳："有些人差距很大，在一起也很幸福啊！"那是因为所谓的"门当户对"指的不单单是财富资产上的相当，精神上的共鸣也叫门当户对，而这些人他们在精神上达到了统一。

薛浩明和陈丽云是一对大学情侣，薛浩明家里比较穷，之所以能爬到这一步完全是靠他自己辛苦努力。薛浩明是学法律专业的，打算毕业以后当两年律师就自己开一家律师事务所。陈丽云家里很有钱，所以没什么好担心的，一直跟在薛浩明的后面支持他。陈丽云相信薛浩明一定是人中龙凤，将来一定会大有出息。毕业后，两人不顾父母亲朋的反对走在了一起。薛浩明勤勤恳恳地干了两年后，终于将律师事务所开起来了。陈丽云一直鼓励薛浩明说："我知道你一定可以的！"

梁山伯和祝英台、薛平贵和王宝钏、司马相如和卓文君、罗密欧与朱丽叶、王子与灰姑娘，无论古代还是现代，中国还是外国，这些爱情故事其实都是一个模式，无非两人家庭背景差异巨大，被世俗的眼光所阻，他们或者打破了世俗规则，成就了一段佳话，或者被世俗规则打败，成就一段凄美的爱情。

这些被人们歌颂的爱情故事，虽然两个人的家庭背景差异巨大，但他们本身却是很般配的。比方说男的可以没地位，但一定要有才华，正直勇敢有担当，女的可以不是闭月羞花，但一定要勤劳善良有气质。只有这样，两个人在一起才会幸福长久。

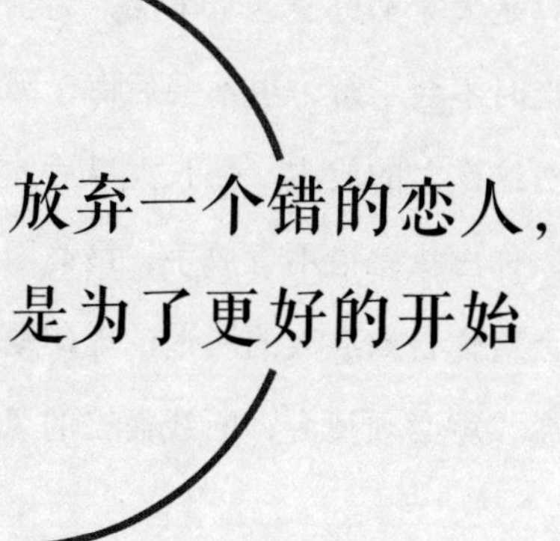

放弃一个错的恋人，是为了更好的开始

在我们的生命中，总会经历一段或几段难以割舍的感情，而现实中总少不了诸多的无奈和遗憾，但缘去缘来终归是一场爱的梦幻。痛苦的记忆依然让人留恋，缘分却已经随风而散了。对于一段错误的恋情，勇敢地放手吧！过多的坚持只会让自己遍体鳞伤。暮然回首，你会发现灯火阑珊处有人还在等着你。

人们常说恋爱中的人智商为零，其实也并非没有道理。也许你以前为他做过很多的事情，并且非常开心地觉得这就是天经地义，然而到最后，你发现自己的行为是那么的荒唐可笑。也许某一天，你会像小孩子一样，发现自己被感情的问题烦得天都要塌下来了，你需要寻求解脱，但全都是徒劳。这时候你的智商还处于零阶段，也不听别人的劝告，也不去想到底值不值，你只是不断地问自己：“我还爱不爱？”当你的心里暗示你还爱时，你就觉得再没有什么要犹豫的。你会像孩子觉得一元硬币就是自己的一样，不相信这份爱就这么结束了，明明对方不爱你了，你还是拼命地纠缠着对方。你很努力地解决彼此之间的问题，你一直守下去，你不放手，你仍在幻想对方是爱你的，仍然执著地向对方表达你廉价的爱情……你忍痛且执著于这份感情，不惜代价，耗费了许多眼泪，虚度了不少的青春岁月，错失了很多真爱的机会。

其实只要放手你立刻就能解决所有问题。只是大家都逃避这个事实，为了区区的一元硬币打碎了一个古董花瓶。小孩子当时不会了解，也不会后悔，因为那时他不了解他执著于那个硬币的行为会耗费这么大的成本。他长大以后才会了解花瓶的价值，才会明白昔日自己的愚昧。你固执感情不肯放手，最终困住牺牲的还是自己，世人只会笑你愚昧，而不会对你自欺欺人的所谓的虚幻爱情有丝毫的怜悯同情。巴尔扎克说：“既然失恋，就必须死心，断线而去的风筝是不可能追回来的。”

天宇和美雅是一对情侣，他们是在一次派对上认识的。是天宇追的美雅，他说会一辈子对美雅好的。由于天宇长得仪表堂堂，气度非凡，所以美雅接受了天宇的追求，他们度过了最甜蜜的三个月。美雅以为自己是全世界最幸福的人，她甚至规划起了未来，婚礼如何设计，在什么地方买车买房。她把想法告诉了天宇，她以为天宇一定会夸她能干懂事，没想到天宇竟然对她提出了分手，理由仅仅就是不合适。美雅差点要崩溃掉，她想要挽回，可是她连天宇的面也见不到了。

美雅有一个好朋友叫季雨。季雨从大学的时候就喜欢美雅了，一直没有变过，知道美雅和天宇在一起，他只是默默地祝福。天宇走后，季雨每天都去陪着美雅，美雅每次想起天宇伤心的时候，他就过去安慰；当美雅不说话的时候，他就默默地陪着；当美雅无聊的时候，他就做出各种滑稽的动作逗她笑。尤其是刚刚失恋的那段期间，季雨盘上碗下地伺候着，做好了饭亲自给她端过去。终于，美雅被季雨的爱情感动了，和季雨在一起了。突然，她发现天空是那么的蔚蓝。

该放手时就放手，人要学会善待自己，这样你才会发现生活的甜美、爱情的甜蜜。有位哲学家说过：“举得起放得下的叫举重，举得起放不下的叫负重。可惜，大多数人的爱情，都是负重的。”

放手了之后，你会发现自己豁达了很多，也成熟了许多。因为只有经历过失恋，人才能真正懂得什么叫爱、什么叫珍惜、什么叫绝望、什么叫宽容。很多酸甜苦辣，受得住的人会从中找到原因，自己有哪些不对的地方，也知道将来什么样的人适合自己，自己应该去做什么。受不住的人，会钻牛角尖，他会觉得自己付出了那么多，为什么对方最后还是选择了分开，他一直都不肯面对现实，也不找原因，无法解脱。

只有放弃一个错误的结果，才能有一个好的开始。

绝不因为赌气而草率结婚

俗话说："男怕入错行，女怕嫁错郎。"当一个女人对婚姻失去信心，对结婚对象的选择只是凑合，必须结婚也只是因为父母的逼迫，这样的婚姻开头就是个错误，幸福早已远去，婚姻终将变成坟墓。我们要明白婚姻并非儿戏，更多的是责任和亲情，虽然不需要太多甜蜜的爱情来浇灌，但婚姻又怎能将就呢？

冯丹和现任老公是在网上认识的，现在已经有了两个孩子。刚认识的那年冯丹18岁，老公比冯丹大3岁，冯丹跟家人一时赌气嫁给了他，但是婚后的生活并不是她想要的，他们争吵过，也动过手。每次争吵后老公都会给冯丹道歉，保证不会有下次，冯丹也都会原谅他，但争吵还是无法避免。其实冯丹感觉挺对不起老公的，因为他每天面对的都是自己的躯壳，而不是自己的灵魂。

生活就这样维持着，可就在前几天冯丹和老公回娘家时，他们的两个孩子斗嘴了，老公心里不舒服，脾气一上来，把冯家的几件东西给摔了。冯丹非常生气，在娘家还这么嚣张，爸妈会怎么看呢？当天他们就回自己家了，坐在车上冯丹想了很多，感觉自己心里压力很大。冯丹想过要离婚，可毕竟有孩子，孩子是无辜的，可冯丹真的不想再跟老公生活下去了。此时冯丹终于明白一个道理：婚姻是不能任性的。

赌气，词典上的解释是：负气；因为不满意或受指责而任性行动。这个解释里“任性行动”四个字说明赌气的状态就是不理智，人在不理智的情况下做出的决定带来的后果基本上是糟糕的。赌气结婚是最傻的，赔掉的是青春、是时光、是幸福、是理智和做人的尊严。千万不要因为赌气而赔进一生的幸福，甚至是一家人的幸福。

决定一段婚姻的幸福与否，永远在于人是否能理智地判断。理智的选择可以让人没有后顾之忧，一生都是幸福美满。一时的冲动只会酿成大错，让人终生痛苦不堪。歌德说过：“最糟糕的是人们在生活中经常受到错误志向的阻碍而不自知，真到摆脱了那些阻碍时才能明白过来。”

浩雪今年28岁，是一个6岁小孩的妈妈。17岁那年，她从农村出来打工，18岁的时候认识了张楠。她和张楠是老乡，父母知道他们恋爱后竭力反对，说张楠名声不好家里也穷，跟着他不会幸福。当时浩雪很爱张楠，加之她叛逆而倔强的性格，父母越是反对她越是要和张楠在一起。即便浩雪父母用了种种办法，甚至把她关起来，都没能阻止两人在一起。

结婚后不久，张楠当兵去了，回来后就联系不到了。等再见到张楠的时候，张楠的第一句话却是“咱们离婚吧。”张楠离婚的想法很坚决，不得已浩雪只好尊重张楠的想法，决定离婚，可是离婚后不到一个月，张楠就和别的女人结了婚。这件事对浩雪的打击很大，接下来的一两年时间里，她一直不能释怀，不能接受他这样对自己。之后，亲戚给她介绍了个男友，各方面条件都不错，可浩雪从心里接受不了。还有一个原因，因为她父母认同这个人，浩雪偏要跟他们作对，就是不跟他们介绍的人谈。

大多数人在青春时期都有过叛逆心。小到穿衣吃饭、大到工作婚姻，人在年轻时，总是希望自己特立独行与众不同，又总是自信满满斗志昂扬，奔向自己的目标头也不回。

婚姻本身就是一场赌局。从年少到年老，几十年漫漫长路，谁能保证找到对的那个人，谁又能保证对的那个人在岁月中不会变成错的？

成功的人，就是要把赌局的风险降到最低，这需要的不仅是智慧还有经验。人在面临重大选择的时候是需要有点赌的精神的，但是，最好不要在叛逆的青春期就开始一场赌局。如果把青春当资本，豪赌一场，那可能就是满盘皆输，连从头来过的机会都没有了。

CHAPTER

第四章

任性一次，再不疯狂我们就老了

再不疯狂我们就老了

青春不是用来浪费的，是用来拼命努力实现梦想的，你应该用这样的时光做你想做的事情，成为你想成为的人，哪怕这很难，哪怕会失败，都不能有遗憾。等老了之后回想起来，才不会没有一个回忆起来能让自己嘴角上扬的青春。

去环游世界是夏书征和妻子林墨彤一直以来的梦想，但一直未曾实现，直到有一天小儿子航航说想看看北极熊，夏书征决定实现夫妻多年的梦想。夏书征带着两岁的儿子和美丽的妻子骑着三轮摩托环游世界，这比一个人去更需要勇气和智慧。

一家人从西双版纳出发，骑着三轮摩托进入老挝、柬埔寨，坐船到达泰国，又去了斯里兰卡、伊朗、土耳其、希腊，后来到了意大利。这一行长达半年，跨越千里，途中经历了泰国国王普密蓬87岁的生日，整个泰国都洋溢在热闹的氛围中，他们也入乡随俗到乌汶府广场参与民众为泰王颂歌祈福的活动；他们也见到了很像七八十年代中国的柬埔寨农村里人们忙忙碌碌的身影……

一次看一个国际NGO组织的马戏团表演，这之后的很多天，小航航经常在床上和台阶上蹦得很高，口里喊着："快看，我是马戏团成员，我会飞的，我很厉害的哦……"小航航每天都能美滋滋地看到在城市中无法触及的奇异世界，他不一定会记得是哪天去哪里看的演出，但他会清楚地记得马戏团、大象、佛塔、热气球的真实样子……途中偶遇一对年约七十岁的英格兰骑行夫妻，老太太身体有些不好，胡子拉碴的老头驮着所有行李，一脚一脚地蹬着，他们还要去更远的地方。林墨彤说："为你们鼓掌！看到你们，我觉得以后没有什么能阻碍我前进的脚步了。"他们为彼此加油。

有多少人有环游世界的梦想，但往往止步于梦和想？环球旅行或边工作边玩，不是你不能做，而是你从来都是嘴上说说，却从没为此努力过……你终日被物质左右，为了生计而劳苦奔波，跌跌撞撞，一路上不甘着，被梦牵引着，却不得不"心甘情愿"地这么付出着。柬埔寨有一句谚语：太阳升起，人们欢喜；太阳落下，人们欢乐；但人们不知道，生命已经走过……人的生命总是那么短暂，何苦为难自己？

好好做自己吧，追求自己最想要的东西，再不疯狂我们就老了。活在纠结里、压抑里，会让人喘不过气来。如果人的一生，他的字典里没有束缚、规则这些词语，那他的一生将会被两个美丽的词汇占据：自由与自然。

印度有一位知名的哲学家，天生具有一股独特的文人气质，不知迷倒了多少女人。

某天，一个女子来敲他家的门，她说："让我做你的妻子吧！错过我，你将再也找不到比我更爱你的女人了！"哲学家虽然也很中意她，但仍回答说："让我考虑考虑！"事后，哲学家用他一贯研究学问的精神，将结婚和不结婚的利害得失分条列出来，才发现好坏均等，真不知该如何抉择？于是，他陷入了漫长的苦恼之中，无论他找出了什么新的理由，都只是徒增选择的困扰。最后，他得出一个结论——人若在面临抉择而无法取舍的时候，应该选择自己尚未经历过的。不结婚的处境我是清楚的，但结婚会是个怎样的情况，我还不知道。对！我该答应那个女人。

哲学家来到女人的家中，问女人的父亲说：“你的女儿呢？请你告诉她，我考虑清楚了，我决定娶她为妻！”女人的父亲冷漠地回答：“你来晚了十年，我女儿现在已经是三个孩子的妈了！”哲学家听了，整个人几乎崩溃，他万万没有想到，向来引以为傲的哲学头脑，最后换来的竟然是一场悔恨。尔后两年，哲学家抑郁成疾，将不久于人世。临死前，他将自己所有的著作丢入火堆，只留下一段对人生的批注——如果将人生一分为二，前半段的人生哲学是“不犹豫”，后半段的人生哲学是“不后悔”。

在前行的道路上，我们消耗着激情、梦想、时间以及所拥有的一切，也在失去中不断找到最真实的自己，如涅槃重生般具有无与伦比的魅力，让人乐此不疲，因为生命需要绽放，需要光辉，需要得到正确的认知。

如果梦想离你越来越远，甚至背道而驰，那么趁青春还未流走请竭力挽回，不然就真的晚了。要成功先发疯，当别人说你疯了的时候，说明你已经接近成功了。勇往直前吧，不需要太多的言语，这是一个追逐的过程，不要因为世俗的规则而犹豫，不要因为安逸的生活而徘徊，为了至少我们没有白白来到这个世上，为了多年以后还有值得炫耀的回忆！

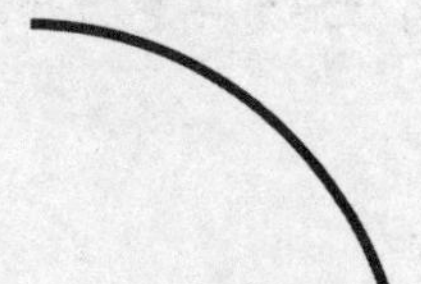

至少要有一次奋不顾身的爱情

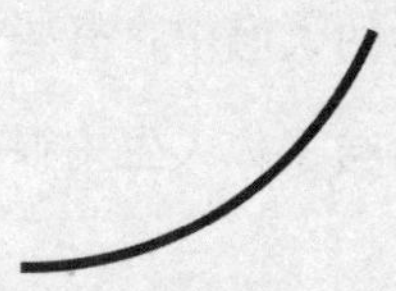

“一生至少该有一次，为了某个人而忘了自己，不求有结果，不求同行，不求曾经拥有，甚至不求你爱我。只求在我最美的年华里，遇到你。”

明末名满天下的“秦淮八艳”之一陈圆圆，被吴三桂纳为妾。闯王李自成在长安正式建立大顺政权，李自成亲率大军渡河东征，杀向明朝的都城北京，京城危在旦夕。吴三桂奉命入关勤王。此时吴三桂是辽东总兵，驻守山海关。吴三桂接到勤王旨令，统兵入关，当走出山海关不远的时候，突闻噩耗，京城失陷，崇祯自缢身亡，遂带兵返回山海关。

吴三桂亲率所部进京谒见新皇帝李自成，吴三桂领兵赴京路上当走至永平沙河驿时，遇到从京城逃出的家人，吴三桂问：“我家里人好吗？”家人说：“被闯王抄了。”吴三桂说：“没关系，我到后就会归还。”又问：“我父亲好吗？”答：“被拘捕了。”吴三桂说：“我到后就会释放。”又问：“陈夫人（指陈圆圆）还好吗？”答：“被闯王带走了。”此时，血气方刚的吴三桂勃然大怒，厉声叫道："大丈夫不能保一女子，何面目见人耶？"当即挥师第二次返回山海关，降而复叛，向清军递去了请兵书，希望多尔衮"合兵以抵都门，灭流寇于宫廷，示大义于中国。"上演了一幕可歌可泣的"冲冠一怒为红颜"的爱情传奇。

人生匆匆数十载，青春年华更是短暂。"逝者如斯夫，不舍昼夜"，时间不会为任何人任何事停下脚步。每个人的一生都会遇到很多人。这其中的大部分人都是擦肩而过，留下一张模糊的脸，很快就淹没在浩瀚的人海中；有些人，却是注定要纠缠一生的，他们不是生命中的过客，他们参与了你人生中很多的重头戏。

大多数人说做就做的冲动热血已然被理智的利弊分析打磨成了温吞的白开水，做事遵循"三思而后行"的原则。这样的人生就能没有遗憾了吗？

爱情是人类绕不开的话题。爱情，本来就是勇敢者的游戏。如果你不够勇敢，瞻前顾后，很快就会被淘汰出局。生命中有些错过，永远成为了错过；而有些错过，因为两个人的勇敢，又变成了相遇。我们都期待美满的故事，而恰恰需要我们的勇气才能让故事变得美满，如果你够勇敢，此刻转个身，就能抱住你所爱的人。

男人应该玩儿命地爱一个姑娘，好姑娘也值得被男人玩儿命地去爱。如果你的人生中遇到这样一个值得你奋不顾身的人，那么就勇敢地去追求，用最真的真心去爱，投入最大的热情，即使最后的结局不理想，至少你努力争取过，付出过，便没有遗憾。

元稹少年时与其母系远亲崔莺莺恋爱，崔莺莺才貌双全，温柔可人，与元稹心心相印。元稹赴京应试后，以其卓著的文采，被新任京兆尹韦夏卿所赏识，得知韦夏卿之女韦丛尚未婚配，于是元稹意识到这是一个攀附权贵的绝好机会。但元稹心中仍放不下情投意合的崔莺莺。崔莺莺家境富裕，但毕竟没有权势，对自己的仕途进取没有多大的帮助，这与元稹理想中的婚姻存在很大的差距，求官心切的元稹权衡得失，最后还是放弃崔莺莺选择了韦氏。

也许是良心的谴责，也许是对初恋情人崔莺莺的难以忘怀，很多年以后，元稹以自己的初恋故事为原型，创作了传奇小说《莺莺传》。元稹还写了“取次花丛懒回顾，半缘修道半缘君”的诗句，意思是他对其他异性绝无眷恋之心，除“君”之外，再没有能使自己动情的女子了，以表达自己对崔莺莺的思念之情。

只是，这种缅怀也许还有爱恋，但更多的只剩下了悔恨。

那种由心而发的感觉让你不知不觉间对某人心生好感，希望对方陪在自己身边，但愿每一分钟都可以见到她，离开她会想念她，见到她内心又会紧张、不知所措，不敢看对方的眼睛。你为她着迷，为她牵挂；她烦恼，你也会跟着烦恼，并想尽一切办法使她开心快乐。你关注她的一点一滴，你想跟她白头到老，用自己全部的爱来带给她最大的幸福。这些证明她在你心中占据了特别的位置，说明你已经爱上她了。

美好的憧憬被现实的条条框框无情地惊醒，很多规则我们没有勇气去打破，很多实际问题也不得不去面对，放弃是唯一的选择吗？

安迪·安德鲁斯曾说过，“人生一定要有两次冲动：一次是说走就走的旅行，一次是奋不顾身的爱情。”

河南郑州一名患恶性脑瘤的90后女孩冯莹与未婚夫杨海斌步入了婚姻的殿堂，杨海斌承诺婚礼定于2014年3月2日举行。2013年9月23日杨海斌便拉着冯莹去领了结婚证。

这并不是一个爱情至上的年代，这样的故事并不是每天都在上演。为什么你还在纠结是奋不顾身地追求爱情，还是规规矩矩地度过一生？

人生很短暂，承受不起太多的追悔莫及，当你白发苍苍的时候可以说“我的青春轰轰烈烈过”吗？

一个人来一场说走就走的旅行

人这一辈子有两样东西是别人夺不走的：一个是支撑自己坚持下去的梦想，另一个是留在记忆深处的过往的风景……

丁悦年纪虽然不大却已经去过不少地方了，说走就走对她来说已经是家常便饭了，丁悦想趁年轻，去好好看看这个世界，用旅行的方式去观察世界。

没时间就把忙的东西放下，没钱就去穷游，想出发，就出发。拿上车票，背上背包，带上手机、三脚架，属于自己一个人的旅行就这样开始了。看着一路的风景，在窗边吹着风听着歌，丁悦不知不觉中来到了目的地——厦门。第一站是中山路，放眼望去都是人头攒动，坐在凳子上吃着排了好久的队才买到的月亮虾饼和鱿鱼，同时看着中山路的人来人往。晚上回到青年旅舍，在旅店的庭院，老板娘边逗小猫，边喝茶和丈夫聊天，很惬意的样子，这大概就是这里的真实生活吧。拿起挂在墙上的留言本，一页一页地翻看着，就好像看着好多人的故事，字里行间有爱情有过去有梦想，丁悦也忍不住在其中一页写下三个大字：在路上。

第二天早早地起床，从高处眺望对面的鼓浪屿，看到轮渡已经开始运作了，厦门的一天也开始沸腾起来了。因为丁悦曾经在微博上看到铁路文化公园，所以便挤上了巴士来到这里。这里很安静很惬意，沿着铁路一直走，经过鸿山隧道，看到墙壁上写着铁路文化公园的由来。接着回到轮渡码头，坐上去鼓浪屿的船。鼓浪屿的建筑风格大多是文艺气息小清新范，也有好多古老的大宅，岛上有很多景区但丁悦只想去日光岩。那时候是下午四点多，丁悦毫不犹豫地爬上日光岩最顶处，但遗憾的是多云看不到日落。她在上面认识了一对情侣，一起在山顶吹了两个小时的风，直到天渐渐暗下来，一起讲彼此的故事和经历，一起开玩笑，一起看厦门夜景，一起摸黑下山，一起逛挤满了游客的龙头路。后来，丁悦走进一间很小很有特点的小饭店“三年二班”，里面的装修都是小学时代的感觉，贴满了奖状的墙和很旧的课桌，老板称呼道：“同学，需要点儿什么？来这边交学费。”就这样丁悦当了一回小学生吃了顿饭。

这里有好多条窄窄的路，也有好多挺有特色的店，她随心所欲地逛，在热闹中闲适，在闲适中热闹，左手拿着盆栽冰激凌，右手拿着蚵仔煎，穿越在人海中。晚上在黑黑的岔道上迷路，不断问人，折腾了好久才回到旅舍。

第三天丁悦仍一大早就起床，去了厦门大学，看到门口长长的队伍，等了好久终于到12点放行了，又限制游客量，丁悦庆幸轮到了自己，一进厦大，就直奔芙蓉餐厅吃了个午饭，吃完就去厦大最有特色的芙蓉隧道参观。芙蓉隧道很长很长，只能看到在很远的洞口有一道光，隧道两旁都是涂鸦，色彩斑斓的，各种艺术字各种图画都包含了各自所表达的内容。丁悦欣赏这些涂鸦，就像走进了一个创意画廊一样，沉醉其中以至忘了当天下午3点要回去。

人生像一本书，一开始是空白的一页，经过每一趟旅行的经历，一页一页地装订起来，也许没有精美的辞藻和动人的语句，但总有一天，这本厚厚的书会是你青春的见证，是你人生无比珍贵的财富。

一个人旅行，洒脱、无拘无束。一个人行走在一个陌生城市的小街小巷里，走走拍拍，用心去感受走过的每一个地方。有人说一个人会孤独，在旅行中思考，就不会寂寞。一个人的旅行不会寂寞不会无助，会遇到好多萍水相逢的人，能和一两个志同道合的人说上一通，那是件多么有意思的事情！或许这辈子再也不会遇到这些人，却很感谢这些曾经和自己天南地北聊天的人，对于那些帮助过自己的人更会在心中留下深深的感动。亲身去经历去感受一个地方的内在精髓，收获的不仅仅是一场旅行，更是一生的阅历。

幻想着一个人走在石板路上，独自回忆那曾经喜欢过的女孩，慢慢地品味风景中的内涵。阳光透过风中飘拂的柳丝，洒在波光粼粼的水面上，看着天空的蓝色，抚摸着手旁的石狮子。在旅途中邂逅不一样的有缘人，畅谈心中所想。也许你从来都是一个做事情喜欢前思后想的人，心中魂牵梦萦的地方被框在现实的框架中，觉得一场一个人说走就走的旅行真的太豪奢了。

从这个城市游荡到另一个陌生的城市，其实路程并不遥远，只是你没有勇气踏出那一步。青春就该疯狂一次，说走就走，一个人，一个陌生的城市，去走出属于自己的人生轨迹。挣脱出身边琐碎的牵绊，走出犹犹豫豫的思索，放下生活中的忙忙碌碌，准备好行囊，上路吧！有一次“一个人说走就走的旅行”，做一个行走的思想者，踏上新的路程去享受人生，找寻生活的乐趣，从另外一个角度体现自我的价值。

此时的你，心里一定是雀跃得犹如一个毫无心机城府的孩子一般。

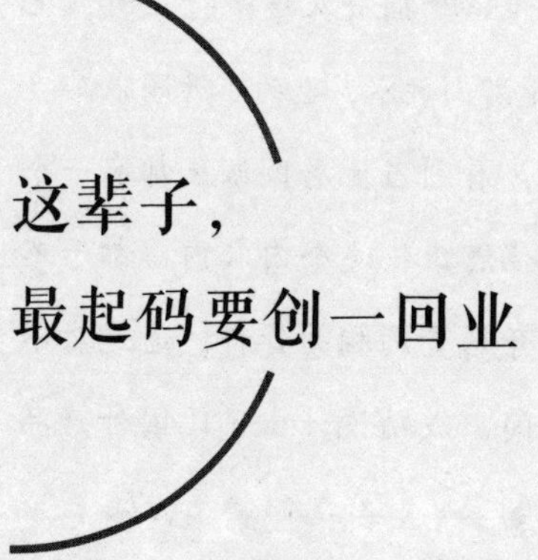

这辈子，最起码要创一回业

不管成功与否，创业都是一次难得的经历。为了梦想，踏上轰轰烈烈的人生征程，创业被无数热血青年视为青春的最好注解，趁着年轻，就是要拼搏一回。

张竞1984年从技校毕业，被分配在丝织厂做了5年的一线员工。而今，他是一家电子科技公司的老总。

张竞所在的丝织厂从意大利引进了一批设备，张竞被安排赴意大利接受培训。那时候，能坐飞机出国，是一件特别诱人和荣耀的事，然而，他拒绝了，他决定辞职创业。他说，离开那个捧铁饭碗、没有任何压力的工作环境，是因为有一颗不安分的心，他想借改革开放的机会去闯一闯。在别人看来，或许这是年少轻狂，但是张竞骨子里认为人这辈子总要做几件事情，就算不惊艳到别人，也要精彩到感动自己。

经过多方打听，张竞选中了刚刚起步的电脑绣花行业。张竞为了7万多元的设备资金，借了20多个亲戚朋友才勉强凑够。那时候，不知道什么叫怕，

张竞想反正自己还年轻，就算失败了，大不了重头再来，大不了用一辈子来还债，反正不能碌碌无为地混日子。仅仅半年，他便靠着一台电脑绣花机还清了所有的债务。此后五年，顺风顺水。当其他人也开始蜂拥进入这个行业时，他转手卖掉了企业，拿着人生第一桶金开始旅行，既是游山玩水，也为了开阔眼界。

思考是张竞的常态。在去新西兰旅行的途中，看到当地居民家里都有一个烘干毛巾的架子，他当时就联想到，在国内出差住酒店，洗个内衣内裤都干不了，如果有个烘干设备，那就方便了。他回来就开始查阅相关资料，通过对不同材料和工艺的反复比较试验，花了整整两年时间，成功设计出了比国外产品更便利更节能的内衣烘干器。

他的这款产品可以很方便地折叠，不需要安装，有电源的地方就可以用。它外观造型看起来非常简洁，一个晚上耗费不到一度电，表面温度只有65℃，不会烫伤手。高端酒店、公寓、家用都可以，不需要重新安装线路，通电就能用。关键是它提升了酒店的人性化服务，用最低的后续成本解决了旅客住店无处晾衣、无法干衣的烦恼，市场需求很大。张竞对产品精细程度的要求很高，对产品的用料和每一个细节都精益求精，制作工艺几乎达到苛刻，因此，一个工人每天只能装配两台。之后，他以这款产品为主打产品，成立了一家电子科技公司，迎来了事业的再一次腾飞。

从现实到理想往往有着很长的路要走，对于创业来说更是如此。创业比就业更能实现人生价值，同样创业比就业的风险也大了很多。是找份稳定但收入不多的工作安稳一辈子，还是去创业搏一回？不要怕搏不成却也错过了这个安稳的机会。

只要心中还有梦想就应该放手搏一回，顾虑太多就会给自己造成阻碍，总是纠结会把你的激情耗尽，世界上本来就没有完美的选择，想好了，勇敢去做。

读大学时顾西是一个有梦想有抱负的人，总和同学讨论如何创业，每天很有活力。大学生活很快过去，转眼就到了要考虑就业问题的时候了。顾西心中虽然满是梦想的火焰但是不得不面对现实，他想找一个轻松稳定离家近的工作，这样自己的生活不仅安稳舒适有保障，也有时间和精力去创业。

刚开始顾西在业余时间还会去研究创业的事，慢慢地，安逸的生活消磨掉了顾西的雄心壮志。在单位里，喝喝茶看看电影百无聊赖地从早到晚，一天又一天地重复着，曾经为创业买来的书蜷缩在角落里，上面落着厚厚的灰尘。同学聚会时大家惊讶于顾西今时今日的状态，心想："当初那个意气风发的少年去哪了？"当年的同窗好友不禁问他："兄弟，你的梦想呢？"顾西用他惯常的慵懒的语气回答道："那不过是年轻时的孩子话罢了。"

其实顾西没有忘记自己当初的梦想，但是他已经无法从这个温暖的巢穴中脱离出来，离开那里，他什么都不会干，也什么都干不了了。顾西的人生就这样在无病呻吟中一天天走向死亡，明知终点是无尽的悔恨却无力改变这一切。

人生说长不长说短不短，也就几十年，无数的哲人智者为这几十年著书立说，我们看到关于人生的著作汗牛充栋，怎样才能拥有最完美的人生成为人类永恒的话题。"人生类似一盒火柴，视为珍宝未免小题大做，反之则不无危险。"只要达到"无憾"二字即可，当死亡来临时，因为无憾，所以可以坦然地面对。

清楚自己真正想要的是什么，这个你一定要做到。为实现自己心中所愿，读书学习，打磨筋骨，与志同道合的人合作，向着理想向着愿望进发。这是一种姿态，是你为自己的人生争取过的姿态，是你对自己的人生负责的姿态。不要因为这样或那样的原因低下你高贵的头，人生只有一次，也许低下去就再也抬不起来了，趁年轻搏一回吧！

做一次极限挑战

有一首题为《危险》的诗中这样写道：“笑有显得像个傻子的危险/哭有显得多愁善感的危险/接近他人有被卷进去的危险/表达情感有暴露真实自我的危险/向众人展示你的理想、梦想有将它们失去的危险/爱有得不到回报的危险/生有死的危险/希望有失望的危险/尝试有失败的危险/不冒任何险，什么都不做的人/什么也不会有，什么也不是。”

人生总要挑战一次极限，完成一次不可能，体验这种刺激的活动，就是再辛苦艰险也是值得的。

1995年，万科股份有限公司董事长王石的腰椎处发现了血管瘤，由此可能会下肢瘫痪。震惊之余，王石为自己定了一个计划：去西藏，这是他长久以来的愿望。在摆脱缠绕了两年的工作之后，王石终于和朋友沿青藏线入藏。

在路上，王石遇到了中国登山协会的朝鲜族登山家金俊喜教练，他是梅里雪山山难的唯一幸存者。那是一次世界上备受关注的大山难，死了17人。那天正好他的胳膊有点麻木，他便提前下山了。没有下山的人全都遇难。他谈起面对死亡时的态度很坦然，“死去的已经死去了，但活着的还要面对，还要走完他们没有走完的路。”要登山就必须面对死亡，因为登山让人更直接地面对死亡。不是说登山就不怕死，而是要知道如何面对它，这是人生中应该具备的一种态度。

在王石登珠峰的过程中有一段绝壁，上面虽然有一个铝梯，但有一段路必须离开铝梯做横切攀岩的动作，脚下就是万丈深渊。他描述自己当时的心境，“什么都没想，什么也没法想，就听见冰爪扣在冰岩里咔嚓咔嚓地响”，然后一下子就上去了。接着王石大口大口地喘着气，脑袋里空白一片。

当回到大本营后，王石不时地看看珠穆朗玛峰，“我曾经站在那儿吗？”自己感到不可思议，直到总指挥让他填写一张表，上面写着“姓名、单位、高度”时，王石才激动地写下了“王石、万科集团、1.76米”。总指挥拿过来一看，说：“不对，不是身高，是你攀登的高度。然后将高度一格改为8848.13米，他的眼泪在那一刻流了下来，因为，这也是他生命的高度。

1999年，王石登博格达峰，他一人进山行至中途，一场小冰崩不期而至。前路受阻，到达下一个突击营地还有一段不短的路程，王石决定就地住一夜。第二天天气依然恶劣。王石只好往下撤，这时他才发现，前一支登山队在一个切面上钉的安全绳，不知何时被飞冰打断，再往下是一条狭长的冰裂缝。巨大的恐慌向王石袭来。他从来没有这样害怕过，甚至控制不了自己的哆嗦。此时的王石面临两个选择：一是等待营救，但在山脚大本营的队员，即使接到消息即刻动身，到达王石所在的位置，也需要整整两天的时间，而两天的雪山停留，足以把自己送进天堂；二是铤而走险，冒着可能掉下去的危险强行返回。

王石最后抽了自己几个耳光止住哆嗦。然后独自下山，花了两个多小时越过最危险的地带，这时王石发现，自己后腰以下全被脊梁上流淌下来的汗水浸透。这样致命的危险并没有让王石远离登山，而是变本加厉，登山更加频繁了。也许，这样一个面临绝境起死回生的过程，带来的同样是一种巅峰体验。

瓦茨拉夫·哈维尔有一句话："病人比健康人更懂得什么是健康。"不破不立，在这样一种带有探险性质的体验大自然的过程中，看清人生有许多虚假意义，更能寻找人生的信念。著名学者周国平在对南极进行实地考察的手记中写道："正是在逼近生命极限的地方，人的生命感觉才最为敏锐和强烈。"

人的潜能蕴藏量无穷，价值无比，大自然赐给每个人巨大的潜能，而在寻求极限体验的过程中，随着"极限时刻"的来临，人的潜能会一次又一次被激发出来，你会感到自身的力量是无限的。

只有冒险才会有意外的收获。如果你体验到冒险的乐趣，你就会沉醉其中，不能自已，挑战极限就是挖掘生命的深度。挑战极限的经历会给你的生活增添无穷的乐趣，会给你带来前所未有的快乐，那是找回生命原始力量的感觉。

现今，优裕的生活条件使人更容易沉醉于安逸，在精神上变得平庸。勇于冒险，勇于挑战极限，常常是发现自己能力的关键所在，有助于你进一步成为更优秀的人。丹麦哲学家克尔凯郭尔曾说："尝试就是承担风险和忧虑，不尝试则是失去自我。"

今生你至少要体验一次那种令你心惊肉跳、精疲力竭的感觉。当你从两百多米的高度，身上只有一根绳子拴着，由定点跳下时，刺激身心的旅程、宏伟壮阔的景观、冲破桎梏的释怀，以及迈向新的人生目标的成就感扑面而来。其中蕴含的意义，只有在亲身体验后才能领会。

生活就是一种光荣的冒险事业，在挑战极限时，极静与极动的转换之间，你会发现瞬间把自己身体内部巨大的潜力发挥出来了，心灵的激流冲破了宇宙的绝对控制，自己有那么坚定的信心和运筹帷幄的胆识，超越自我原来那么简单，那么自然。

参加一次狂欢派对

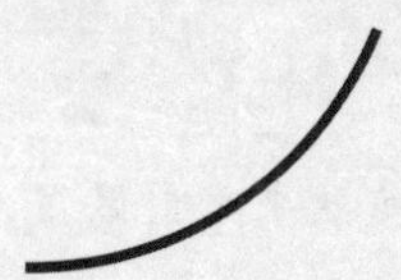

人身上原有许多愿望和向往，高贵的冲动和善良的激情，可是这一切都给日常生活中的琐屑事情破坏，被淹没在日常争吵的泥潭里了。

——歌德

每天行尸走肉一样地活着，对生活没有了激情，像一潭死水一样，提不起劲学习、怕与人交流、不愿意运动、不想工作，这样的生活你很厌倦却无力改变，也不知道怎样去改变。生活就是全部，有什么理由不保持激情，不活力起来？活是一种方式，消极是过，保持激情也是过，为什么不让自己活的更有意义一点，更加的美好？

厦门大学中文系一名博士研究生谈起几年前的支教生活时滔滔不绝。

大四时，赵子墨被保送直接攻读硕士研究生，同时支教志愿者选拔工作开始了，“西部”“志愿者”这几个字一下子吸引了赵子墨。想让生活“有点变

化、有点意义”的赵子墨马上动了心，她想去一个不一样的地方，做一件不一样的事情，留下一段不一样的青春岁月。

一直生活在厦门的赵子墨第一次远离家门，来到陌生的宁夏回族自治区西海固。当地的水让赵子墨很不适应，有咸味，泡的麦片味道有点像豆腐脑，一开始赵子墨是买矿泉水喝的，后来往水里加糖喝，慢慢地才适应过来。

不过，这片土地也带给志愿者快乐。圣诞节的时候，把寝室外的小松树用彩色布条打扮起来，挂上学生们送的新年礼物做装饰，结果全校的学生排了队来看“圣诞树”。

赵子墨的本职工作是教书，担任高三的语文教学任务。虽然来之前做了充足的思想准备，可学生基础之差，还是大大超出了她的想象。对于高三的学生，一篇800字的作文她能找出35个不相同的错别字；写文章举例子举来举去就是“雷锋”“爱因斯坦”“爱迪生”“杜甫”和“水滴石穿”。时间紧，任务重，为了让学生能在最短的时间里学到最多的东西，赵子墨花了几倍的时间来备课。

中秋节的时候，赵子墨会给学生上一堂“古诗词里的中秋”课；学《项羽本纪》的时候，她给学生们讲“性格决定命运”；大雪纷飞，她带着学生们去看雪花的形状，六角形的雪花在手上化为晶莹的水珠，学生们的眼里充满了发现美丽的喜悦；开卷有益，她在《红楼梦》的鉴赏课上告诉学生爱情更是一种责任。

渐渐地，学生们的成绩有了起色。赵子墨刚来时，学生的平均分只有60多分，后来他们的平均分能达到80分。

春节放假期间，赵子墨去一个学生家家访。到了吃饭的时候，赵子墨被一家子“撵”上了热炕，吃到一半时，学生端上来一盘热腾腾的鸡。赵子墨顿时傻了，学生家的条件不好，家里一共只有两只下蛋的老母鸡。赵子墨的鼻子一下子酸了，学生只有在高考的时候才会吃上鸡蛋，更别提一只鸡对于一户山里人家的意义了。临出门的时候，一直沉默不语的学生父亲忽然拉着赵子墨的手说："老师，俺家娃娃要是不用功，您打您骂都行，只要她能读好书。"

一年后，赵子墨教过的150个学生，有50多个考上了大学，分布在全国19个省份。以前，赵子墨的梦想是要做个战地记者，而现在却准备毕业后去西部工作，"那是不一样的地方，我可以多改变一些人，使自己过得更有价值。"赵子墨这样说。

激情，是人类所有情感中最为宝贵的情感；激情，是锻造成功的链条中最为关键的一环；激情，是漫长历史中不熄的火焰，使有限的人力释放出无限的潜能；激情，是短暂人生中"不老"的信念。

激情是进取的动力。只要心中充满激情，我们就能感觉到它山峦叠嶂一般的存在，感觉到它雷霆万钧般的力量。只要心中充满激情，就会对生活充满乐趣，对未来充满向往，也就拥有了阳光、快乐、健康、充实的人生。只要心中充满激情，我们就能够很好地把握住今天，把握住自己的人生之旅。

也许你的梦想是成为你所在领域的顶尖级人物，于是你过分专注于这些长期目标，而忽视了生活中其他精彩的内容，梦想固然是人生的"重头戏"，但是人生还有很多我们不能错过的美丽风景。生活充满了迷惑和未知，我们没法完全地控制自己的生活，我们所能做的就是尽己所能，选择对的方向，做感兴趣的事情，然后尽力地坚持下去，不要过分地控制和规划自己的生活，而要充分开发自己的创造力和想象力，创造你内心中真正热爱的、并愿意为之奉献的东西。

走出自己的小圈子，和其他人一起生活一起交流，发现生活中细小的惊喜，发现你感兴趣的每一件细小的事。那些你莫名的欢笑和感动，是生活的动

力，请保持对未来的期待，更要勇于尝试，若感觉到生活枯燥无味，就找些能点燃自己兴趣和激情的事情，坐在那里“冥想”是不会有任何切实帮助的，生活中的激情来自于“行动和实践”。如果你没有尝试过篆刻，你怎么会喜欢上篆刻？如果你从来没有听过一场摇滚，你又怎么会迷恋上摇滚？尽管大胆地去尝试一些“你一直想做却未做的事情”。从一次次实践中你会慢慢找到生活的激情。

来一次狂欢吧！把家人朋友都带上。雨过天晴后就不要再一个人宅在家里了，骑辆自行车也好，跑起步来也好，带上花和音乐和礼物，跳起舞来吧！做个不一样的自己，做件不一样的事情，对生活充满激情！

CHAPTER

five

第五章 活出自己，而不是别人期待的样子

人生苦短，不要把别人希望你过的生活当作是你想要的生活

大津秀一说：“人们临终前最常说的一句话就是，人这一辈子啊，太短了！”

人生有很多活法，千万别被别人的价值观“绑架”，不要把别人希望你过的生活当作是你的生活，在这个世界上，最不应该辜负的，是你自己，要拥有自己想要的生活，相信一切都是最好的安排。

曲燕云，三十七岁，至今单身，是个周围人眼中的大龄剩女，虽说不是貌美如花，但也是个漂亮利落的女子。前段时间刚从国外旅行三个月回来。曲燕云父亲早逝，她和母亲共同生活。她自己在武汉买了一套属于自己的房子，从事的是酒店业方面的工作。至于情感归宿，她的观点是遇到对的人就把自己嫁了，遇不到对的人就这么一直单着，但是绝不凑和着过。

曲燕云平日里在家陪陪母亲，周末和闺蜜出去聚会，参加各种有趣的活动，经常把自己打扮得漂漂亮亮，想出去散心了背个包就走，看上去生活幸福又美滋滋的，完全没有那种“大龄剩女”的无奈和焦急，“和她在一起会觉得

生活充满阳光，就像是一朵越开越美丽的花，不断的散发活力。”

曲燕云说这是她喜欢的生活方式。人的一生说长不长，说短不短，不能把时间都浪费在不喜欢的事物上。她在打拼时会没有经历职场上的血雨腥风吗？在周围人议论她“大龄剩女”的异样眼神中她会没有一丝惊慌和想要逃离吗？在遇到喜欢的人以为可牵手一辈子，最终却成了镜中花水中月时会没有遗憾吗？这些她肯定都遇到过。

只是，她也有自己的坚持和选择，人生这么短，怎么可以按照别人的意愿活呢！一味地取悦别人，谁又来取悦自己呢！

蒋勋说：“我觉得在人世间所经历的受伤、挫折、坎坷，都是一个人领悟的重要契机。”一步步走到今天，是过往的岁月成就了她，刻薄的时间和生活并没有打败她，反而激发起她的昂扬斗志。“大龄单身”对她来说也没有什么，这只是个人的一种生活状态而已。

外界的标准并不重要，他人的非议也不能决定你的人生，关健是自己如何对待和领悟生活，朝自己想要的生活努力，以自己喜欢的方式生活，一个人要有本事把生活过成自己想要的样子。

而重中之重是你得搞清楚自己想要什么，别老摇摆不定。比如今天看了几个励志鸡汤下定决心好好规划职业生涯；明天被一帮三姑六婆说了几句就觉得对于女人而言工作是第二位的，经营好家庭才是这辈子最该干的事；某天在新闻中看到放弃平静安稳的生活去环球旅行的报道，又觉得那样的人生才精彩……

天性是潜伏在骨子里的东西，无法剔除，无时无刻不在，你拗不过它，只能顺其自然，无论在感性抑或理性的层面，你都得乖乖缴械投降。请真心为自己活，给生命赋予一种全新的内涵。来自内心深处的声音，是这个世界上最真最美的天籁。我很欣赏外国诗人安娜那首有名的诗：我生来只为，并且长大只为，在世上做安娜。

想旅行了，说走就走；不想工作了，就马上辞职走人；去图书馆静静地坐上一天，只为安静地享受智慧的滋润……用这样一颗任性的心，把生活过成自己想要的样子。

“我希望当初我有勇气过自己真正想要的生活，而不是别人希望我过的生活。”这是所有后悔的事中最常听到的。心理学上有个理论：较之那些我们做过的事，人们后悔的往往是那些没做的事。所以当人们在生命尽头往回看时，往往会发现有好多梦想应该实现，却没有实现。

我们多少人过着的是别人希望你过的生活，而不是自己真正想要的生活，又可能，一直以来你把别人希望你过的生活当作是你想要的生活。你的生活方式、你的工作、你的感情、你的伴侣，人至暮年你才发现其实自己本应该而且可以放下很多顾虑，追求你想要的样子，但似乎已经晚了一点。

人生有数不清的意外之惊、之喜、之想、之乐……无论你遇上的是哪一种生活，也请像温暖的大叔沈嘉柯，跟他的新书名《去过自己想要的生活》一样，做自己喜欢的事情，任凭这个世界兵荒马乱，你要学会捡拾沿途的美好。沈嘉柯说，“路途漫长，难免灰了心，寂了寞，伤了感，孤了独，悲了哀，但多数时候悲欢轮流坐庄，也有休憩放假之时，那就是“吃豆腐”时间。《快乐是自我的》一文中的老头说过：“我想吃豆腐，就去吃豆腐。”瞧瞧，多拽！走，一起吃豆腐去！

这个世界太过残酷，但不可否认，它也有许多细细碎碎的美好，所以我们要学会在自己的故事里，成为不折不扣的勇者，勾勒自己生活的轮廓，涂鸦自己生活的底色。

如果守着腐朽古板的生活将自己埋葬，实在是太可惜这宝贵的生命了。被称为“婚纱女王”的著名华裔设计师Vera Wang在63岁时与27岁花样滑冰冠军Evan Lysacek传出恋情，王石都50多岁了还离婚追求自己的新生活。很多人都觉得，五六十岁，都老了还折腾什么？那你还没有想过都五六十岁，为什么要将就为什么要凑合呢？那岂不是太对不起自己了？

世界太大，生命太短，要把生活过成自己想要的样子。

没有人能告诉我们应该怎样去生活，生活是自己的

其实，你不只是青春期的时候迷茫，即便是大学毕业，步入职场多年，甚至已经结婚生子，依然会有各种迷茫。

“我应该继续工作还是出国深造？”“我应该辞职还是留下来争取升职？”“我应该留在大城市，还是回老家？”“我是上班，还是辞职回家带孩子？”“我该不该要二胎”……

其实没人能告诉你该怎么办，因为没有人是你自己，只有你才能为自己的人生负责。

《中国合伙人》中有这样一句台词：“我们谈了太多的思潮、主义、方法，为什么？因为我们都想找到一个现在的答案，我们都希望有人能告诉我们应该怎么样去生活。其实呢，没有人能告诉我们应该怎么样去生活，生活是自己的。我们自己提出的问题应该由自己来回答。”

在哪里工作，选择了怎样的生活，承担怎样的人生，都只是选择不同而已，并没有对错之分。人生不是考试，别总问你该怎么选择，这没有标准的固

定答案，关键是你内心的选择，你要迎接的那个自己是什么样子的。生活是我们自己的事情，需要我们自己作出决定，别人都只是过客而已。

万凝雪从小家境不算特别好，于是上了一个美术中专。那时候刚开放全民高考，她用一年的时间，学完了高中三年的课本。因为时间太少，没时间理解太多，加上底子比较薄弱，只能死记硬背，只好强迫自己学习。

一年之后，她真的考上了大学，并被录取到自己憧憬的设计专业。大学期间就开始各种勤工俭学，艺术类每年上万的高昂学费都是自己打工赚的钱。

万凝雪毕业后觉得自己应该去闯一闯，为了自己想要的生活做出了勇敢的选择，到上海奋斗。到上海后，从最小的广告公司做起，月薪3000元，她租住在农民房里，下班后倒公交车要倒三四次才能回到住处。工作上的加班与拼命，上海土著对于外地人的歧视，老板的严苛，这些困难让她的上海之行雪上加霜。

工作几年后，因为家庭原因，万凝雪回到了老家。按照惯常的思维，从大城市回到老家，一腔抱负岂不是要付诸东流？但万凝雪没有过这些顾虑，或许她有，但她愿意去打破和尝试。回老家五年，万凝雪已经是当地最大的超市集团的广告部总经理，无论是收入还是社会地位，都已经成为同龄人中的佼佼者，有温柔的老公和可爱的孩子伴在身旁，她事业家庭双丰收。

人生，只是一场戏，不同的选择会经历不同的人生，看到不同的风景。没有成败，没有对错，唯有不同，人生没有固定的轨道和所谓正确的生活方式。所谓的人生大赢家，并不在于你在哪里、做什么，而在于你选择什么样的人生道路，你想要什么，做的是不是你自己想做的。你在自己选择的路上，只要内心强大，都可以很精彩。

两个发小关系的姐妹，当她们老了再相遇的时候，讲述自己过去的生活。姐姐一生征战商场，赚了很多钱，养尊处优。妹妹一生在小城市里相夫教子，过着清贫平凡的生活，老了和邻居打牌、去广场上舞剑，含饴弄孙，不亦乐乎。姐姐羡慕妹妹一生过的是安安稳稳幸福美满的生活，妹妹觉得姐姐看尽人间繁华世间、百态遨游于天地间，一辈子值了。

所谓选择，并没有对错，不是选了姐姐的人生就是胜利者，也不是选了妹妹的人生就是失败者。追求自己心中所愿的人生才是幸福快乐有意义的。

正如王小川所说："一个人得知道自己的兴趣点在哪，尽可能尝试不同的事情，不断转变着自己的角色，找到适合的位置，而不是长远的规划。生命其实就是一种创造性的历程，每个人都要了解自己创造力的来源，积极用它来创造自己的人生。"

乔布斯17岁那年上了大学，乔布斯的养父母处于蓝领阶层，学费几乎耗费了他们所有的积蓄。6个月后，乔布斯因为看不到待在大学的价值所在，不知道自己想要在生命中做什么，也不知道大学能帮助自己找到怎样的答案，更觉得在这里会花光父母这辈子的所有积蓄，所以他决定要退学。

乔布斯称："我当时确实非常害怕。"有老师建议他不要退学，可以选择一些相对喜欢又能在毕业后拥有较高收入的专业，毕竟文凭是找工作的敲门砖，是下半辈子的保证。事后乔布斯回忆时兴奋地说："退学是我一生中最棒的决定。"

因为退学后的乔布斯凭自己的兴趣去学习，这在此后被证明是无价之宝。退学后他去参加美术字课程学到了sanserif和serif字体，学会了在不同的字母组合中改变空格的长度，还有怎样才能做出最棒的印刷式样。

十年之后，在设计第一台Macintosh电脑的时候，他把当时学的那些家伙全都设计进了Mac。那是第一台使用了漂亮的印刷字体的电脑。如果乔布斯当时没有退学，就不会有机会去参加这个感兴趣的美术字课程，Mac就不会有这么多丰富的字体以及赏心悦目的字体间距。那么，个人电脑就不会有现在这么美妙的字型了。

尝试着做自己没有做过的事，忠于自己的内心感受，经过了一圈尝试和分析以后，得出自己喜欢什么，不喜欢什么，就会渐渐看清自己想要的生活是什么样子的。当然人的精力是有限的，所以除了自己体验以外，还可以通过读书、请教他人等等方式来辅助自己，不过亲身的体验和思考是必不可少的。

不要犹豫徘徊，要勇敢地去追随自己的心灵和直觉，只有自己的心灵和直觉才知道你自己真正想要的生活是什么样子的。这是你的生活，你拥有绝对的自主权来决定如何生活，生活中最大的满足感并不是物质名利方面的满足而是能够尽情做自己真正想做的事情，享受怡然自得的快乐。

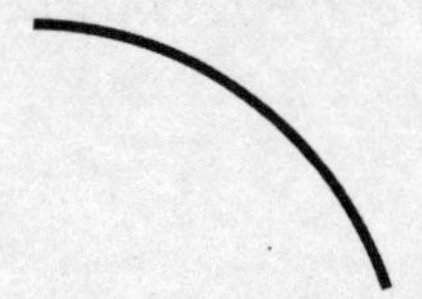

人生最大的挑战在于发现你是谁

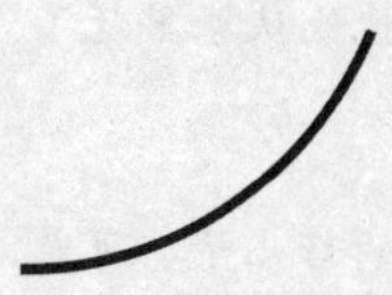

《武林外传》中，姬无命问吕秀才："想怎么死？我成全你。"秀才答道："慢着，杀我可以，不过得先说明了，我到底死在谁的手里？"姬无命："废话，我呀！"秀才发问："我……是……谁……"于是手无寸铁不会武功的吕秀才用这个问题让一代绝顶高手姬无命自杀身亡。

"我是谁？"这是孔子、释迦牟尼、亚里士多德等无数的先哲们所追求的真理。我是谁？猛然一听，这似乎是一个荒谬而又可笑的问题，一个人活着，难道连自己都不认识吗？是的，很少有人认识自己。这是人类最为艰难和困惑的一个命题，是人类的千古之谜，也是人类的千古之问。阿波罗神庙中就曾镌刻着这么一道神谕："认识你自己。"法国思想家蒙田说："世界上最重要的事情就是认识自我。"

人最难做到的莫过于认识自己。认识自己通常有两个难处：一是不能全面公正地认识自己；二是认识自己的深度不够，停留在性格层面上，而不是认识自己的心理与内心世界。认识自己的意义非常巨大，不然就会有"空在人间走一遭”的感觉。人只有在认识自己后才能迸发出无穷的力量，从而做出惊人的成就。人的痛苦与挣扎、烦恼和纠结，社会上的物欲横流与贪污腐败，根本原因在于迷失自己，因为迷失自己的人要用外在的物质和虚名来满足内心的空虚。

他出生在捷克布拉格的一个犹太商人家庭，从小性格孤僻、沉默寡言、懦弱胆怯、多愁善感，总喜欢一个人躲在角落里发呆。父亲对他很不满意，觉得这不是一个男子汉应该具有的性格。父亲煞费苦心，拿着皮鞭把他从家里赶了出来，逼着他与人交往。

刚开始，他很难过，试图去改变自己，做一个让父亲喜欢的好儿子。可是“江山易改，本性难移”，无论他怎么努力，始终无法做到口若悬河，当机立断，英勇神武，奋不顾身。与其他同伴相比，他发现自己是那么的格格不入，那段时间，他自卑到了极点，觉得自己一无是处。

父亲的严厉和粗暴非但没能改变他，反而令他更加恐惧和不安，变得比以前还要懦弱、胆小。在父亲一次次的伤害中，他学会了察言观色，学会了承受和忍耐，也体会到了生活的痛苦与无奈。他常常把自己一个人关在屋子里，小心地审视着周围的一切，生怕再受到任何的伤害。在父亲的眼里，他是一个彻头彻尾的懦夫，一个毫无前途可言的可怜虫。

就这样，在困惑与伤痛中，他长大成人，性格还是没有丝毫的变化。一次偶然的机会，他走上了文学创作的道路，他把对生活的敏感，怯懦的性格，孤僻忧郁的气质，难以排遣的孤独和危机感，无法克服的荒诞和恐惧，融入到小说之中，形成独特绚丽的风格。他的《变形记》《判决》《城堡》等作品享誉全球，经久不衰，成为奥地利最富盛名的作家，被誉为“西方现代派文学的宗师和探险者”。他就是世界级文学大师、现代派文学的开山鼻祖弗兰兹·卡夫卡。

学会认识自己，也就是学会做人的道理，掌握人生正确的方向。认识自己能使我们做事更有理性，路走得不偏激，在不同的环境和条件下，不断地调整自己的心态，在社会中找到合乎自己的位置，让自己的人生道路更合乎自己的天性。

你的时间并不多。有一天当你发现，你再没有时间去做你想做的事情的时候，那时你要么已经实现了自己的目标，要么正在为没有实现的目标找一大堆，然而你只能说服他人，欺骗不了自己的理由。

认识自己，首先要从自己的生长环境、学习经历和对未来的期待等方面出发，了解自己的社会关系，看看父母他们的经历，这会潜移默化地影响你，成为你自觉不自觉的行动，这不是一件可以一次就完成的事情。

其次，从血型气质和人格类型得知自己性格当中的优劣，最后是认识自己的主观和内心世界，问问你的心，想要的是什么。

同时要“以人为镜”，选择条件相当的人作比较，在处世方法、对人对事的态度、情感的表达方式等方面进行比较，来认识自己，找出自己的特点，才比较客观。也可以通过自我反思、自我检查来认识自己，重视同伴对自己的评价，因为他人的评价比主观自省具有更大的客观性。当然，对待他人的评价，也要有认知上的完整性，不可偏听偏信，要恰如其分地认识自己。在生活中通过总结成功与失败的经验及教训来发现个人的特点，因为成功和失败最能反映一个人的性格、能力上的优势和劣势。

当你十分清楚自己的本我和自我的时候，你会觉得自己是伟大而神圣的，你就知道它能改变你的许多思维和行动，剩下的就是自己的意志和行动力了。从而能更好地生存，更好地为社会做贡献，实现个人的价值。

认识自己的过程是痛苦的但这也是必须的，只有当你经历过痛苦的时候，你才能够感觉到那种快乐也是无价的。做真正觉悟的人，认识你自己是谁，知道你这辈子的使命是什么，这是一种进步，更是一种永恒的主题，对于每个人来说，都是如此。

无论什么时候，都敢说出你真实的想法

方文山，华语乐坛金牌作词人，有“词圣”之美誉，是亚洲流行天王周杰伦的御用作词人，多次获得金曲奖的肯定。面对如今的成功，方文山曾说：“一个人最大的悲哀，就是不愿意做自己。”

2011年2月15日，马友友接受了由美国总统奥巴马亲自颁发并戴上的象征着平民最高荣誉的总统自由勋章，而且，美国纽约市将一条新建马路命名为“马友友路”。

戴上总统自由勋章后，马友友无比感慨地说：“自己的人生只有一个主人，那就是我们自己，行走在自己铺设的人生轨迹上，一定是最开心最能取得成就的！”

马友友的父母在华尔街做经济研究员，从马友友一出生，父母就为马友友设计好了人生路线：做一位出色的经济人！所以，马友友最先学会说的话并不是“爸爸妈妈”，而是“一二三……”。读小学的时候，马友友是学校的“数学之星”，在许多数学竞赛中夺了大奖，马友友的父母感到很开心，但马友友自己却觉得这丝毫没有乐趣可言。

一天马友友在一幢老房子外面，听到了一种极为美妙的音乐，那流水一般优美的旋律很快吸引住了他。当身体随着音乐而轻轻晃动的那一刻，马友友发现自己真正喜欢的东西并不是数学，而是音乐！

马友友时常从数学培训班里“逃学”，跑去听音乐，学拉大提琴。结果他的数学成绩大幅下降。他的父母发现了这个问题，对他说：“你只有学好数学，才能和我们一样做一位出色的经济师，甚至可以成为一位伟大的数学家！”“为什么一定要和你们走同一条路呢？我觉得音乐是最能让我开心的东西，而且我认为能把自己喜欢的事情做得更好，那样我会更开心！”马友友坚定地说出了自己的想法。

他觉得，自己的人生之路一定要自己来把握方向，绝不能让他人来操纵，哪怕是父母。不久后，父母终于被打动了，替他在一个音乐培训班里报了名。

人一旦做起真正是自己喜欢的事情，进步都是特别快的。到中学毕业的时候，马友友就在曼哈顿得了全市学生音乐会的一等奖，在前往哈佛大学就读时，他的音乐名声逐渐大了起来，许多重要的交响乐团以及著名的音乐大师都向他发来邀请，与他一起演奏和表演。

马友友在音乐路上不断探索，一路向前，成了一位名震国际的音乐大师！

从我们生下来，人生就在倒计时，我们在世的时间真的不多，人生中能有几次做事是发自内心的，十根手指都能数清。随着波浪起伏，跟着流水漂荡，没有坚定的立场，缺乏判断是非的能力，只是随着别人走，一生都没有过发自内心看待一件事情，那他的人生是痛苦的、是无趣的、是悲哀的，即使他很富有，什么都不愁。

人最要紧的是满足自己，不是讨好他人，只要你认为是对的，你就去坚持，坚持自己所选择的，相信自己所坚持的，才是属于你自己的正确道路。不

要在乎别人的眼光，那样只会让自己做事放不开手脚、犹豫不决、失去自我、失去个性、丢失自我的价值，别人怎么看你并不重要，重要的是你要做你自己，去做自己认为正确的事。

当你真正坚持到最后，无论这个结果是好是坏，都无所谓了，因为你坚持做自己的目的达到了，人最怕中途因为别人的说法而耽误了人生，到时候后悔都来不及了。

20世纪世界上有三大东方指挥家：日本的小泽征尔、印度的梅塔和新加坡的朱晖。其中，小泽征尔在年轻时有过这样的经历——

一次小泽征尔去欧洲参加指挥家大赛，决赛时，他被安排在最后。评委交给他一张乐谱，小泽征尔稍做准备便全神贯注地指挥起来。突然，他发现乐曲中出现了一点不和谐，开始他以为是演奏错了，就让指挥乐队停下来重奏，可他仍觉得不自然，他感到乐谱确实有问题。可是在场的作曲家和评委会权威人士都声明乐谱不会有问题。面对几百位国际音乐界权威，他不免对自己的判断产生了动摇。但是，他考虑再三，坚信自己的判断是正确的，于是他大声说："不！一定是乐谱错了。"他的声音刚落，评判席上那些评委们立即起立，向他报以热烈的掌声，祝贺他大赛夺魁。

原来这是评委们精心设计的一个圈套，以试探指挥家们在权威面前敢不敢说出自己真实的想法，因为只有具备了这种素质的人，才真正称得上是世界一流的音乐指挥家。

如果一个人的行动完全取决于别人的看法，他就会成为别人意愿的奴隶，失去自我。无论什么时候，都要坚持自己的主见，切莫让别人的建议反客为主，取代了你的主见！要让自己成为掌舵人，即使这艘船在我们的生命中行驶得有点颠簸，也会在航行的快乐中到达自己生命的彼岸。想要达到最终的目标，就不能放弃自己，要自己主宰自己来走完这条路。放弃自己的想法不仅会使你失去成就自己的机会，而且你的生命也会随之失去意义。

人最大的错误，就是按照别人的标准来改造自己。就算你才华横溢、举止端庄、彬彬有礼、集众优于一身，但只要你从心中放弃了自己，你就永远无法和别人站到一个对等的高度，不是你不够好，而是你放弃了底线，丢失了当初坚守的阵地。

要敢于做自己，无论什么时候，都敢说出你真实的想法。

别人都不看好你，你才有机会证明自己是对的

自己先相信自己，然后别人才会相信你，而不是别人相信你之后你才有自信。在别人都不看好你的时候才是证明你足够优秀、真正正确的时候，我们应该相信自己是优秀的，如果你始终这么认为，并朝着这个方向不断前进，总有一天，你会发现你的成就会证明你的坚持是正确的。

有这样一个女孩，她从小就很喜欢唱歌，总是跟着收录机里面的歌曲哼唱。她有一个梦想：将来有一天要成为一名歌唱家，在万众瞩目的舞台上歌唱。为此她苦练基本功，到处寻觅歌唱碟子，坚苦地努力着。

但是令她感到悲伤的是，身边的人都不看好她，因为她有着非常严重的牙齿缺陷。家里人觉得没有人会花钱看长着龅牙的人唱歌，因此劝她放弃。家人的不支持虽然没有让她放弃理想，但仍然给她带来了深深的伤痛，从此以后她在唱歌的时候都要尽量地掩饰自己的牙齿，以免被人看到。

有段时间，她在一家夜总会里唱歌，因为暴牙会使自己本来不好看的脸更加丑陋，所以每次公开演唱时，她都会努力把上嘴唇拉下来盖住突出的牙齿，以便使自己看起来漂亮一些。结果她总会因此弄巧成拙、大出洋相，并且严重影响了大家对她歌唱水平的评价。

一个坐在人群中的音乐家听出了她的天分，也看出了她的不自然，便亲切地对她说：“孩子，你是很有音乐天分的，我一直在注意你的演唱，知道你想掩饰自己的牙齿。其实，听众欣赏的是你的歌声，而不是你的牙齿，他们需要的是真实。这牙齿或许还会给你带来好运，你相信不相信？别人可以不相信你会成功，但你一定要相信自己！”

这句话使她大受鼓舞，所以她决定忘掉自己的龅牙，放开地唱一次，看看结果到底会怎么样。放下心理包袱的女孩儿最终显现出了美妙的音域，当这位“小丑”忘情地投入演唱时，她的歌声竟然是那么的热情而美妙，那么的富有个性！顿时，所有在场的人都被震撼了，这使得她在一夜之间红透美国演艺圈。而那几颗一直被她视为不能见人的龅牙，也成了她独具特色的地方，广为歌迷所称道。

最后，她成了美国家喻户晓的歌星，不少歌手都纷纷模仿她，学她的样子演唱，这个女孩就是美国电影界和广播界的一流红星——凯丝·达莉。

一个缺乏自信的人，就如同一根受潮的火柴，无论能力多么强，都很难擦出成功的火花。古往今来，许多失败者失败的原因，并不是缺少智慧，也不是缺少能力，而是缺少自信，当机会来临，不敢相信自己能做到，最终成功的机会流入别人的手中，错失良机。

只要你相信自己是出色的，你就一定是出色的！强大的自信将会为你带来积极的心理暗示，赋予你强大的力量，带你走出人生的困境，迎接灿烂的未来。试想，如果凯丝·达莉因为别人都不看好她而放弃自己的想法，那么美国历史上就会失去一位影响深远的歌唱家了。

十九世纪末梅兰芳出生于京剧世家，从小对京剧耳濡目染的他在八岁的时候拜师学艺，梅兰芳要学的是旦角，男孩子学旦角，唱、念、做、打，都要模仿女性。

刚学的时候，梅兰芳入门很慢，一出戏，师傅教了很长时间，他还没有学会。耐不住性子的师傅终于有一次找到梅兰芳的父亲说："这孩子不是块唱戏的材料，祖师爷不赏饭呐！"

梅兰芳得知师傅的话后心里很不是滋味，但他并不因此而气馁，反而更下定决心一定要学会唱戏。没人教他就自己学，他用心思考，反复练习，一段唱词，别人唱几遍就会了，他总要坚持练二三十遍。经过刻苦练习，他终于练出了圆润甜美的嗓子。

按照常识，对于京剧里面的旦角来说，眼神是最重要的。梅兰芳的眼睛有点近视，没有神，被人形容成"金鱼眼"，梅兰芳就养了几只鸽子，每当鸽子飞起的时候，他就紧紧盯着飞翔的鸽子，他还经常注视水中游动的鱼儿。渐渐地，他的双眼越来越有神。日子一长，人们都说，梅兰芳的眼睛会说话了。

就是在这么刻苦的练习下，梅兰芳由当初的"不是唱戏的材料"终于唱成了名角，最后还成了独创一派的宗师、京剧的大家。

不是做任何事都能够得到别人肯定和支持的，每一个有理想的人都遇到过他人不看好自己，甚至是嘲讽和挖苦。质疑的阴影在脑海中挥之不去，在面对这个问题的时候，有些人因为别人的看法放弃自己的理想，结果庸庸碌碌地度过一生；另一些人反而把它看做是前进的动力，认为别人都不看好，自己更要做大做好证明自己是对的，最后他们成功了。梅兰芳大师是这样做的，凯丝·达莉是这样做的，历史上很多的成功者也是这样做的。

一个最终能够获得成功的人，一定是对自己有信心的人，即使是别人都说他不行，哪怕是权威人士否决他，他也不放弃自己，将压力转换成鞭策自己的动力，让自己变得更强大，不被舆论压倒，最终获得成功。

丢掉那些人生建议，你可以确定自己的路线

听从自己内心的声音，那才是真正属于你自己的路。成功的人取得成就的方法其实就是把自己最感兴趣的事做到最好。

有人说，上帝在每个人年幼的时候都给他种下了一颗叫做“兴趣”的种子。有的人让这颗种子生根发芽，茁壮成长，最终长成参天大树；有的人没让这颗种子发芽，于是生活没有目标，没有动力，最终平庸一生。

经过20多年的自学，2009年，在北大、复旦等名校的三位教授的联名举荐下，蔡伟争取到报考博士的资格，参加复旦大学出土文献与古文字研究中心的博士生考试，复旦大学经过专家考试和校招生领导小组讨论，把38岁的蔡伟列入了2009年度博士生拟录取名单，导师为古文字学泰斗裘锡圭先生。

蔡伟上小学时，从临描书帖中对中国古代文字产生了浓厚的兴趣。上高中时，语文成绩在学校中已是出类拔萃，当时学校里的语文老师遇到生僻字都会找他，不过他偏科很严重，数学、英语成绩糟糕。

蔡伟高考落榜后，进了一家胶管厂当工人，后来工厂效益不好，蔡伟下岗了，在一家商场门口摆了个小地摊，但所得仅够温饱。摆摊时他就坐在摊边一面做生意，一面看书，一天摆八九个小时的摊，大概可以看4个小时的书。看书要记笔记，小摊上没有桌子，就垫在腿上记。

在辽宁锦州，蔡伟是图书馆的常客，一有时间他就会钻进图书馆研究古文字。在锦州，古文书只有图书馆有，但很多古籍找不到，即便找到了，书也不让外借。没办法，只好在图书馆里整本整本地把书抄下来。

高中毕业后的20年，蔡伟从没中断过自学，几乎把所有的收入都用在了买书上。2003年之后，蔡伟在国学网上陆续发表了一些文章，凭借自己的古文字学知识，得到了中国古文字学泰斗裘锡圭先生的赏识。

“我当时就想，如果蔡伟因为环境不好，就这么放弃了，实在太可惜。老实说，现在搞古文字的，很多名义上是教授了，实际上没有他这个水平。有些地方，我也没有他这个水平。”裘锡圭先生这样说道。

当别人问他如何看待自己的成功时，蔡伟很平静地说：“其实谁要是坚持20年追求梦想，也许都能达到我的水平，甚至比我还要好。”

一个取得卓越成就的人首先是兴趣驱动，而不是世俗利益的驱使。做自己喜欢的事业，这是成功的前提，兴趣不但不会减退、衰竭，还会不断激发出更大的能量，越干越有激情，遇到困难也不会退缩，一直保持对工作的兴奋感和成就感，因为能做自己感兴趣的事就是无比幸福的，这就是成功人士的人生状态。

默尔说：“假如你丧失了激情，你也就丧失了一切。”如果你听从了某位“老人家”的人生建议，做着你不喜欢的事情，必然是感到痛苦、乏味、索然无趣的，没有激情就不可能去努力追求荣誉和成就，更不可能锐意进取，而感受不到荣耀感和成功的兴奋会让人更加萎靡消沉，进而更加丧失激情，这是多么可怕的恶性循环！

米雨真喜欢恬静优雅、平淡无争的生活状态，大学毕业后想到一个宁静的小镇，开个小店，平平静静地过完下辈子。但家里人认为年轻人应该做出一些成绩来，不能默默无闻地活着。家人劝告米雨真去大公司工作，拼搏几年，他们觉得拥有高薪厚职才是人生的保障。米雨真说出自己的愿望后，家人觉得这很没出息，让米雨真停止这样的想法，一心一意干好工作，家人也会帮助她。

于是米雨真在家人的帮助下，去了一个大型企业工作，米雨真性格单纯内向，不是个很会处事的人，不喜欢跟人相处，每天面对同事又不得不强颜欢笑，自己也完全不喜欢这个行业，工作了半年就很不开心。

回到家里，期望值很高的妈妈又老是教训她，上网看电影就被骂不上进，不优秀，休息的时候制作一些工艺品也会被批评是在浪费时间。米雨真和妈妈多次沟通自己的烦恼并表达要辞职的想法，妈妈根本不理会，甚至有一次母女俩还打了起来。

烦恼的生活，无聊的工作，大城市的喧闹，这一切让米雨真活得痛苦至极，想了很多次离家出走。

乔布斯曾说："选择你所爱的，爱你所选择的。"人一定要知道自己喜欢什么，无论人生、事业还是爱情。能让自己真正满意的唯一方法就是做你的事情，并把它做到最好，这也是取得成就的不二法门。

世界上的工作没有好坏对错之分，只有你喜不喜欢之别；人生也没有高低优劣的差距，有的只是有没有活出属于自己的几十年，完成自己应该完成的使命。如果你喜欢你的工作，它就不单纯是一个工作，而是一个快乐的、令人欲罢不能的游戏，为此不眠不休、废寝忘食仍热情不减，这是你人生幸福的源泉、人生价值的所在。

请忠于自己的内心的感觉，做自己想做的事，生活中最大的快乐不是来自于物质财富的满足，而是能够放手做自己真正想做的事情，过真正属于自己的人生。

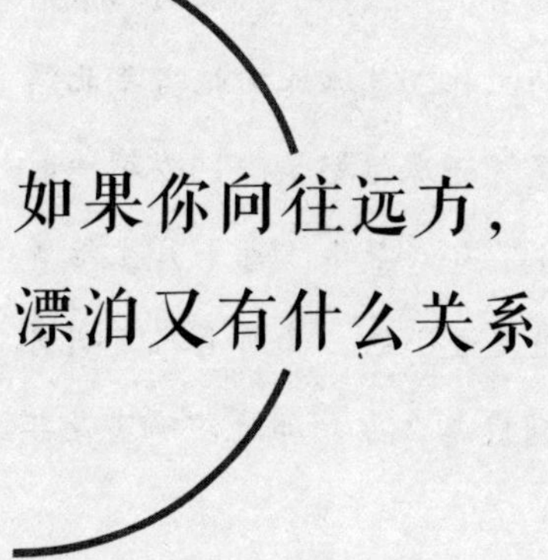

如果你向往远方，漂泊又有什么关系

泰戈尔在《新月集》里写道：“只要他肯把他的船借给我，我就给它安装一百只桨，扬起五个或六个或七个布帆来。我决不把它驾驶到愚蠢的市场上去……我将带我的朋友阿细和我作伴，我们要快快乐乐地航行于仙人世界里的七个大海和十三条河道。我将在绝早的晨光里张帆航行，中午，你正在池塘里洗澡的时候，我们将在一个陌生的国王的国土上了。”

年轻时心不安分，意气风发，雄心勃勃，向往远方。越朦胧越神秘也越让人向往，远方的沙漠是绿洲、远方的草屋是皇宫、远方的小河是大海……

漂泊，肯定是要付出代价的，是要品尝到更多的人生滋味的，绝不会是在咖啡厅里啜饮咖啡的悠闲自在。

明媚的阳光温暖了整个房间，把身体蜷缩在柔软的沙发里，惬意地读着随手就能抓到的书本，父母慈爱，娇妻美眷，有了懒洋洋的状态，让人沉浸在温柔乡里难以自拔，用各种各样的借口忽略内心的渴求。这样的环境适合心有情怀的人，但不适合有志向、有眼光、有理想的人。

范冰冰早年并没有上过真正意义上的表演大学，她小小年纪从山东烟台来到一个人都不认识的北京，只因为北京是一个有艺术气质、有文化气息的地方。“我要做艺术，要演戏，要演电影，就要去北京。”只身一人来到北京，开始了自己的北漂之路，没有固定的住所、稳定的工作。范冰冰回忆当年北漂的时候曾动情地说：“我16岁开始拍戏，第一部是《还珠格格》。15岁毕业时我来到北京，租了一个屋子每月租金650块钱，住了有六七年。每个月生活费就400块，有时我每天只吃一顿饭。当时我是剧组里最小的，管所有人都叫哥哥姐姐。我每天躺在床上的时候都会想，我明天到底怎么办，那时候确实是非常盲目、没有希望的。”

正是早年的北漂生涯，让范冰冰练就了强大的内心和比较强悍的性格。历经千锤百炼，才有了如今的“范爷”。聚光灯下的范冰冰，有着精致的妆容、时尚的服装和狂热的粉丝。在《出彩中国人》的节目中遇到“北漂”一族，她也会以自己的经历，鼓励他们坚持梦想。

肖复兴在《年轻就要去远方漂泊》中写道：“人的一生，如果真的有什么事情叫作无愧无悔的话，在我看来，就是你的童年有游戏的欢乐，你的青春有漂泊的经历，你的老年有难忘的回忆。”

远方的漂流，掺杂着乡愁，却在无时无刻地开拓着人的胸怀，成熟着人的思想，丰富着人的阅历。《史记》的写作底蕴源于司马迁曾漫游远方的经历，古希腊的两位史学家希罗多德与修西底德斯曾漫游远方，从而写出了那么有气魄的历史！柏拉图年轻时远游埃及，见识到了与雅典不同的另一种形态的文化，从而影响到他《理想国》的写作。年轻时为了心中的远方就让自己漂泊一次吧！只有年轻时去远方漂泊，才会拥有诗意般的经历和收获，那不只是你的一个故事，而是你镌刻在生命中的印记。

漂泊需要勇气，也需要年轻的身体和冲劲，年轻就是漂泊的资本，只有年轻时才有可能去漂泊。

漂泊是一种生活状态，其中充满了艰辛。即使如舒伯特的《冬之旅》一样，“茫茫一片，天地悠悠，前无来路，后无归途，铺就着未曾料到的艰辛与磨难。”也要尝试一下。

罗文十几岁离开家乡到外地打工，当过餐厅服务员，去建筑工地当过工人。后来他和一个同乡去广州的一个工厂上班，这家工厂讲究精益求精，要求出厂产品零瑕疵。他回忆起那段时光感叹道：“每天工作十多个小时，晚上回来累得浑身都疼，疼得睡不着觉。虽然是最苦的但却是学到东西最多的一段时间。”罗文从一线员工，一步步爬上来，最后成为了这家工厂的中层管理人员。

罗文喜欢喝茶，和朋友聚会，接待客户时总会为对方泡上一杯清茶。无意中罗文发现茶叶蕴含的巨大商机，想去搏一搏。但是现在自己在这个工厂里面有着体面的职位、不错的收入，如果放弃这些去做茶叶生意就意味着放弃一直以来艰辛努力才有的滋润生活。思前想后，罗文还是决定放弃现在的一切去南方经营茶叶生意。罗文是一个小学毕业生，说不出很有文采的话，当时只想着：“我要这么干就一定要干成。”

他每天起早贪黑，事事亲力亲为。即便是中午，他也要处理生意上的事情，吃饭几乎是不定时的，出去会客的频率也超高，但收益却并不尽人意。一段时间后有了一定的市场基础，罗文的生意渐渐发展起来。

现在他已经拥有3套房子、5台小轿车，他希望自己能够做得更加好，业绩能够再翻几番。

青春，应该像蒲公英那样，即使身体单薄、个头矮小，没有飞向蓝天的翅膀，也要借着风奋力飘向未知的远方。这样才能感受到世界的缤纷多彩、生活的绚丽多姿。

为了你远方的梦，为了你血液里流淌的激情，勇敢地去漂泊吧！别让生活耗尽了青春和梦想，更重要的是别让暮年的你后悔。

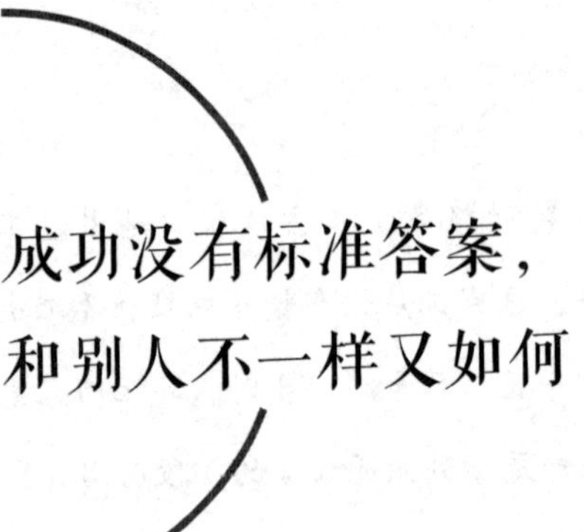

成功没有标准答案，和别人不一样又如何

不知从何时起，小学语文的教科书上出现这样一道考题，让学生在“看书”前面加一个形容词。有的学生写的是“目不转睛”，有的学生写的是“聚精会神”。很多人认为“目不转睛”是不对的，“聚精会神”是对的。但是很遗憾，标准答案就是“目不转睛”。

同样的道理，成功是否有一个标准答案呢？或者说什么叫做成功？读一所好的大学？找一份好的工作？还是有钱、有权、有地位？没有答案，因为成功不是一个单方面的因素。李开复在《做最好的自己》里提出过一个观点，“我认为成功是一种多元化的成功，只有获得多元化的成功才是真正的成功。”

那么什么是多元化的成功呢？李开复又说：“多元化的成功分为很多种：可能是一个人创造出了新的产品或技术，可能是获得了突破性的科研成果，可能是一个人的行为给他人带来了幸福，可能是一个人在工作岗位上得到了别人的信任，还有可能是一个人找到了自己最满足、最快乐的生活方式，或者是靠自己的能力取得了名望和财富。”从这个观点来看，我们每个人都能成功。

童姿是某高校的研究生，毕业以后也没有出去找工作，就留在学校任教了，一干就是十年，现在已经成为了学校的精英讲师，经常会被一些大的企业、高校请过去讲课。她感觉现在的生活过得很充实，每天可以帮助很多人。但是童姿不太喜欢每天被“西装领带”束缚，她喜欢背上背包去旅行，用镜头和文字记录下自己所看到的每一个瞬间、所经历的每一种感受。

每个人对成功的定义都不同，从某种意义上说，童姿是不成功的，她违背了自己的心意，不能按照自己喜欢的方式生活。但是从另一个角度来看，童姿又是成功的，因为她能够通过努力的工作获得他人的尊重，也能通过自己的工作去帮助更多的人，去影响更多的学生和员工。这些学生和员工，再通过自己的努力去影响更多的人。

既然成功的定义不同，那么我们何不问问自己的内心我们到底想要什么呢？是发挥自己的特长为这个世界创造价值，还是凭着感觉追求自己最喜欢的东西？这完全取决于你自己，不管哪一样达成了都可以算作成功。

凡是有大成就的人，往往都是跟着自己的心走的。乔布斯有一段名言：“你的时间有限，所以，不要为别人而活。不要被教条所限，不要活在别人的观念里。不要让别人的意见淹没自己内心的声音。最重要的是，要勇敢地去追随自己的心灵和直觉，只有自己的心灵和直觉才知道你自己的真实想法，其他一切都是次要的。

1997年，65岁的日本实业家稻盛和夫因胃癌而住院。尽管手术后身体上的肿瘤被切除了，但他精神上的苦闷却越发严重。两个月后，稻盛和夫辞去了公司的一切职务，迈进了京都附近的圆福寺的庙门，想通过修行寻找人生的真正意义。

在寺院里，他不再是“经营之圣”，而是一个普通僧人，虽然他拥有的金钱可以买下很多个这样的寺院。深秋的天气里，稻盛和夫和其他僧人一样光着脚，一家一家地站在别人家门前诵经，请求对方布施一些钱和米。到了黄昏，稻盛和夫才可以返回寺庙。

有一次，一个正在扫地的老婆婆放下手中的扫帚，径直向稻盛和夫走了过来，她伸手从里边的衣袋里摸出一枚一百日元的硬币，递到了稻盛和夫的手里，说道：“你是修行的出家人吧？你的肚子一定很饿吧？这个你拿去，买点面包什么的填填肚子。”

当一只苍老的手把一枚硬币塞进他手里的瞬间，稻盛和夫就像被电击一样，激动得全身颤抖，眼泪一下子就涌了出来，他体验到一种从未有过的幸福感。也就是在那一瞬间，仿佛醍醐灌顶般，稻盛和夫突然感觉自己开悟了，达到了一直苦苦追求的幸福的境界。

稻盛和夫放弃了自己的企业，选择了修行出家并且成功开悟，这又何尝不是一种成功呢？

成功没有标准答案！每个人的道路可能都不同，但一定是殊途同归，那就是做最真的自己！只要你做到了，你就会心安，就会有成就感。世上道路千万条，条条大路通罗马。只是在你行进在道路上的时候，一定会有坎坷，会有羁绊，会有峭壁，会有深渊。但这不会是你的绝境！“沉舟侧畔千帆过，病树前头万木春。”调整好自己的心情，在急躁的时候，不妨慢一些；在懒散的时候，不妨给自己加几鞭。把自己的心胸尽量的放大，把自己的迷惑，放到一个很大的环境中去考量。这时你就会发现，你已经走向成功了。

CHAPTER

six

第六章 世界那么大，你要去看看

身体和灵魂总有一个在路上

从生命为“生命”这刻起，人经历的就是过程，体会的也是无数个过程，这也造成了无数个结果，直到生命不为“生命”那一刻。人的认识如果是有限的，那么其身心的活动范围也是有限的，反之，人的认识如果是无限的，那么，人的生命深度和广度也随之更深更广，所以，要么旅行，要么读书，身体和灵魂，必须有一个在路上。

《身体和灵魂总有一个要在路上》在2012年出版，作者是来自城乡结合部的小白领余师。

余师工作一年后因找不到人生的意义，曾经因为抑郁症而想要伤害自己。后来他看到一张照片深受感动，决定放下一切去旅行。余师一整年走遍了大半个中国。这一年他辞了职开始了搭车和打工旅行，学习摄影、烹饪、支教、叠被子、摆地摊，他从来没有发现自己有如此强大的内心和生存能力，到年底除了叠被子和逃跑技术叹为观止外，还举办了摄影展与音乐会。

余师回头看，当初的抑郁症相较于旅行中所练就的强大内心和超能力根本算不了什么。正如他说："旅行，让我发现自己一直隐匿的天赋，见到世界本来的样子，学会爱自己，对自己负责，找到生活的目的，遇见不可思议的自己。"

他在书中写道："现在的我，不羡慕别人比我吃得好，穿得好，用得好。也不羡慕别人有大房子，有亮车子和美女子。我甚至也不羡慕别人去了什么远方，看见多少世间少有的霞光。走在城乡结合部的路上、喧闹的菜市里，也不觉得有何不妥。"

"旅行的意义，便是爱上这个值得去恨的世界。"这是余师旅行后的最大感触。在经历世间繁华、人生百态后，以一颗平和的心坦然面对世界和自己，这是一个文艺青年美丽的自我实现之路，一颗因年轻和愤怒颤栗的心在旅行中渐渐变得强大平静的过程，更是每个人都应该体验的、把心喂饱的过程。

在旅行中你会遇到很多人，遇到很多事：听亿万富翁讲述他的传奇一生，和隐居的画家学习制作明信片，和放荡不羁的音乐人一起写诗配乐，看热情好客的老板娘做秘制咖喱饭和手工奶茶……

看过那么多景致，遇见那么多有趣的无趣的人，怎会羡慕别人，拥有一颗强大的内心，这便是旅行或是行走最大的意义了吧。不羡别人不羡仙，走着自己想要走的路，与自己喜欢的人交朋友，拍自己觉得漂亮的风景，看见世界的美好。

人生最曼妙的风景是内心的淡定，心的从容是丰富的人生阅历的结果。如果有一天你觉得自己轻松了，那也不是因为生活容易了，而是因为你变得强大了。

看过的风景不会被弄丢，认识的人会一直放在心里，一切的一切留在相片里，住在日记里，到自己走不动了也不会褪色。走出去看尽山水壮丽，经历人生百态，你会发现一个不一样的自己。身体和灵魂，总要有一个在路上，在不行走的时候就看书，那些书里的世界也会带来别样的感受。

没有青山碧水、蓝天白云作为舞台，一张书桌、一把椅子、一个台灯，也能够成为暂时的落脚之处。一本书，便能彻底将精神解放。阅读或许就是一个安全出口，到书里去，那里有可以栖身的地方，让人暂时忘记时间和自己。

“竹前坐消无事福，花间补读未完书。”这是纯粹的读书之乐，人生在世，为满足口腹之欲而必须进行艰辛的体力劳作，其同样需要付出劳动的脑力活动诸如读书，则是一件令人赏心悦目的事情，纯为充实自己而读书，这是其乐无穷的源泉。

魏天佑今年25岁，是一名科研人员，在银川工作，除终日与数据图纸打交道外，业余的阅读为他带来了一个感性的世界。魏天佑称：“以前读书凭兴趣，图书馆借书也不要钱，看见什么都喜欢拿，《平凡的世界》《狼图腾》《穆斯林的葬礼》，都是大学比较流行的。真正的系统阅读，大概就是从读研阶段，结合自身爱好开始去读的。”

魏天佑对文学类书籍并不是特别感兴趣，觉得“文艺味儿太重”，魏天佑更偏好历史传记、人文社科类的图书，因为每一次的阅读都带来一次震撼。从无知到有知，一次次地颠覆与刷新自己的知识结构，能求知解惑，帮助自己增加阅历、感受生活的多彩，了解自己不知道的知识，加深自己所熟识的，这种感觉是物质上的满足所给不了的。

魏天佑的阅读量很丰富，他经常罗列着大笔书单，在魏天佑看来，读书并未给自己带来多大看得见的变化，但作为工作之外的一种补充，却可以享受不一样的生活体验，内心有不断充实的感觉。

魏天佑的阅读没有固定时间，周末、闲暇时，出差旅行都会带着书，他喜欢读名家的书，觉得能求知解惑、带来震撼的都是好书，最喜欢的作家是余华、马尔克斯和毕淑敏。

看过了许多美景，看过了许多人，品尝了夜的纽约，踏过下雨的苏州；熟记书本里每一句令人震撼的真理，感动于作者笔下的生死相依……放逐身体或者放逐灵魂。无论哪一种，身体或灵魂，总有一个在路上，也必须有一个在路上！

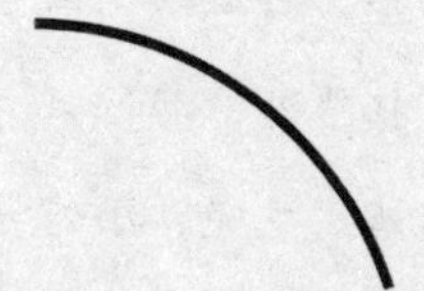

不必等到有钱了，再去环游世界

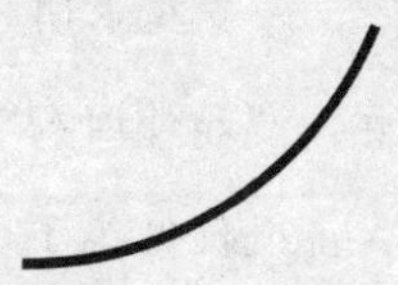

近日，美国一所大学面向学生进行了一份问卷调查：有生之年，你最大的愿望是什么？结果“环游世界”名列前茅。可惜，数据同时又表明：直到临终，真正能够实现这个愿望的人不到3%。

生活中，很多人总是说等我有钱了再去旅游，等我准备好了再去报考，等我功成名就了再去求婚。人们总是说“等我……等我……”，殊不知你有钱了或许走不动了，你准备好了或许时间过了，你功成名就了人家早已嫁为人妇了。等待是这个世界上除了无知最让人恐惧的东西。

其实，就在你一次次地说“等”的时候，时光转眼飞逝了，等到最后，也许你心中的那个目标或者梦想还是没有实现。其实有很多事情不一定要等到有钱了才去做或者等到有时间才去做的。

个性开朗、热爱自由的Angela就和同学相约走南闯北，到处去玩。工作后，Angela曾经也报过旅游团，但很快，她就发现“所谓旅游，就是走马观花

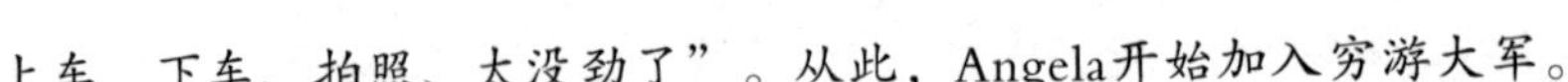

上车、下车、拍照、太没劲了”。从此，Angela开始加入穷游大军。

2015年的一天，Angela偶然看到希腊旅游局的广告，立刻被那迷人的地中海风光吸引住。很快，她踏上了前往欧洲的旅途。从北京到巴黎，再途经德国去希腊，Angela在欧洲玩了19天，除了事先在网上预定的廉价机票外，其他只不过花费了七八千元人民币。“不跟团，就不用住那么贵的酒店。吃呢，小馆子或者面包、咖啡就可以……另外要提前做功课，了解在欧洲坐地铁、火车的省钱办法……”

和许多“老驴”一样，Angela也有一本自己的“穷游经”。许多人跟团去巴厘岛，住的是五星级的海景房，在Angela看来完全没有必要，“和外国人比我们的收入水平还低很多，和人家一样消费，太浪费了。”Angela仅仅花了一万多元，就在巴厘岛玩了一个多月。她住在岛上一个小镇的家庭旅馆中，一天的住宿费不到100元人民币，交通工具是租的摩托车，平均到一天才十几元。

或许很多人会有疑问。没有迎送，没有导游，没有专车，没有人安排住宿及景点，如此旅游是不是很累？其实对于“穷游族”来说，这使他们对旅游有了新的理解，认为旅游并非为了轻松和舒服，而是要享受到一个陌生地方去探索的过程，是乐在其中的，有人对此形容为“身在炼狱，心在天堂”。很多热衷于“穷游”的驴友都认为，当费尽一番周折找到想去的地方时，那种成就感是相当享受的，况且在寻找过程中，沿路的风景也会让人大饱眼福，然后像回到自己的家一样去看看热闹的街市，在路边的茶楼坐坐，和当地人聊聊家常，闲适又潇洒。

现在，有不少穷游高手，凭着对旅行信息的灵敏嗅觉和一种更加开放的行走态度，最大限度地享受了经济旅行的乐趣。越来越多的同好者，背上行囊，简朴行走。和“有钱”“没钱”无关，他们想要用穷游的方式去“穷”尽天下美景。

去年十一小长假，刘子浩提前上网，订好了去马来西亚热浪岛的特价机票。这一次，他要带女朋友一起去看海。

算准了大致的出发时间，提前一个多月，刘子浩就开始上网找特价票。比较了马航和亚航的票价后，他决定从马航订上海往返吉隆坡的票，再从亚航订吉隆坡往返热浪岛所在的丁加奴的票。

最划算的机票，一眼是看不到的。刘子浩输入往返城市和日期，每个日子都填进去，前后一周的所有航班一个个查过来，终于确定了最便宜的组合。吉隆坡往返上海，单程特价机票折合人民币300元，外加600元税费，合计900元/人；吉隆坡往返丁加奴，单程特价机票仅1马币，折合人民币2元，外加税费100元，合计102元/人。

刘子浩算了算。要是全程都买全价机票，他与女朋友两个人在机票上得多花将近9000元。那个单程机票1马币、从吉隆坡飞去丁加奴的航班非常空，座位上总共坐了不到四分之一的人。这次热浪岛之行，玩得既开心又省钱，刘子浩全家都找到了穷游的乐趣。刘子浩说，找特价机票，一是时间上越提前越好，二要会点外语，三呢，越靠近周末越贵，所以最好绕开节假日等高价时段。

如今，旅游已经不是有钱人的专利，不再是富有阶层的奢侈游戏，钱多钱少都可以按照自己的方式去旅游，尽显节俭之风，这也成为一种生活态度。“穷游族”为了让有限的钱花在刀刃上，在旅行中发挥更大的效力，“省”字当头，“不花冤枉钱”成为金科玉律。“穷游族”在衣食住行等各个方面都精打细算，相比物质条件的简陋，他们更在意风情的体验、心灵的感受、知识的收获。

我们总是以为自己有无限的精力和无限的时间去等待。其实我们大可以不必在等待中徒耗生命，不要等某些自认为重要的事情结束后再去采取行动。

有的时候，天不遂人愿，我们不知道哪片云彩会下雨。生活时时刻刻在变。因此想做什么，最好现在就开始千万别等到以后。

当你想外出旅游，今天就可以准备，明天就可以出发。不必等到没压力了，有时间了，或是有钱了再去，大可以背上行囊，马上出发。

总宅在家里，你能见到的大概只有送快递的

现今，即便“宅”在家里，油盐酱醋也能网购到家，一台电脑让你尽知天下事。近日，《人民日报》一篇题为《“宅”，难有“大千世界”》的文章，传神地刻画出“宅族”的状态：“两人路遇街头争吵，一人驻足围观，另一人劝阻：有什么好看的，回家上微博看呗。”

“宅”这一亚文化起源于日本，指那些喜欢待在家里、沉迷于个人爱好、与社会脱节的年轻人。他们有着网上购物、网上聊天、网上订餐、网上影院等等的生活方式。如今，网络的普及成就了特殊的生活方式——“宅生活”。对于宅男、宅女一族，小小的一间宿舍就是他们的“活动范围”，“衣食住行”都不越出这个“圈子”。一台笔记本电脑，可以让他们一坐就是几个小时，一连几天足不出户。

这其实倒也不算不健康，毕竟谁也没规定生活就是必须每天挤车去上班才算。只不过，这样的独居生活过得久了，有时候还是需要警惕的，不要由于这种生活方式而患上“社交恐惧症”，变得封闭，害怕与外界社会接触，那样就有点得不偿失了。

左晓钰今年28岁，是一名自由撰稿人，因为每天在家写稿，别说化妆了，就是脸偶尔都不会去刻意地洗。左晓钰对自己的生活条件也没有太高的要求，能张嘴吃东西喝水就成，头发乱七八糟也不管，经常穿着睡衣在房间里逛荡一天，忙完了稿子就上网看看美剧，吃饭大多数情况下都是采取叫外卖的办法，买东西也最多是到楼下超市转一圈或者干脆打电话叫超市的人给自己送上来。

家里催婚也已经不是一回两回了，可左晓钰一直还是单身。对于自己为什么成为剩女，左晓钰总是无奈地对家里人说，自己每天在家里写东西，见到的人很少，不是送外卖的就是送快递的，即使偶尔见到一两个，也总是很难有机会继续发展。

有些时候，看外面的世界久了，人们需要内观自己。短期“宅”在家里，给心灵一个安全的“房间”，能很好地自我反省、调整身心、平复不良情绪。然而，人是社会性的动物，其生存发展在相当程度上是以与他人的合作和交往为前提的。久“宅”者会丧失对未知事物的好奇心，对现实生活的感受力与思考力钝化，导致身心俱损。一项调查显示，“宅”生活让35%的人失去社交机会，并影响工作；使近两成人性格自闭，害怕与人接触。《韩国日报》2009年报道称，国内约10万名“宅族”青年无法适应社会交往，存在自闭倾向。还有多项心理学研究发现，“宅族”难以从虚拟空间回归社会现实，长此以往会导致思想偏离真实社会，养成消极的思维模式和不良人格特征，甚至引发抑郁情绪或抑郁症。

短期“宅”是好的，有利于梳理情绪，总结思想，但长期“宅”肯定是不好的，别的先不去说它，长期“宅”在家里最大的坏处在于心理上：情绪上会越来越悲观消极，心理上越来越怕见生人，害怕社交，害怕失败，多愁善感，久而久之会越来越与外界不合拍。

美国作家布鲁姆在《走向封闭的美国精神》中提醒“宅族”：笛卡尔在系统提出激进的怀疑观点前，心里装着一个大千世界。因此，键对键代替不了面对面，只有当面交谈，才能真切感受到对方一颦一笑背后的喜怒哀乐。要想走出“宅”生活，首先要保持好的生活习惯，不能想睡就睡，想起才起，以免生物钟紊乱。其次要与社会保持互动，给自己一些时间接触外界，比如会会知心朋友，一起分享酸甜苦辣；出去走走，或许人行道上相遇时的一个微笑，都能让你爱上外面的世界。最后，每个人的内心都有一种自我成长的力量，对外界的天空拥有各种期待，因此，找到生活目标，才不会安于“宅”在家里。

说到底，“宅生活”只是一种生活方式或生存的状态，对任何人而言，这都绝对不是最终的生活目标。每个人的内心都有一种自我成长的力量，有着种种对生活的期待和渴求，试着聆听一下自己内心的声音，慢慢激发起改变的愿望，要相信自己是可以而且有能力改变的。有空的时候可以出去走走，结识一点新朋友，多份人生体验，生命自然也会多份精彩。

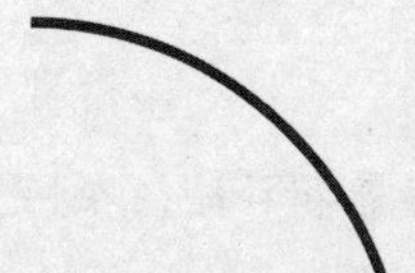

旅行，是为了遇见另一个自己

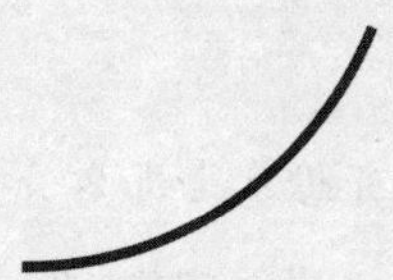

现代诗歌《遇见另一个自己》有这样两句：“灯火阑珊处，那是另一个自己。回眸，颔首，花香湿罗衫。”

旅行的目的不是欣赏沿途的风景，也不是体验异地的风情，而是遇见另一个自己。

李雪是一个普通的女孩，经历普通，名字普通，生活和其他同龄人没什么分别，大学毕业后在一家广告公司工作，平时没事就看看电影、逛逛街。起初她也挺满足的，小日子就这样过着。可是久而久之，她觉得在这青春年华里少了点什么，现在天天被困在办公室里，最好的时光都献给公司了，就算赚再多的钱又有什么用。

她决定周末不再那样不痛不痒地度过了，要出去看看世界，让自己过得更充实。先从离自己最近的城市——天津开始。

在天津的意式风情街上，意大利风格的小洋楼成群，让李雪感觉彷佛置身于马可·波罗故乡的古老小镇，温馨又随和。在天津古文化街上李雪感受到浓浓的天津味，杨柳青年画、“泥人张”彩塑和“风筝魏”风筝无不让李雪爱不释手，还在古文化街上品尝到了传闻中的耳朵眼炸糕，李雪坐在天津之眼上俯瞰天津，心中的喜悦感油然而生。

周边的城市走完了，进而扩展到全国，新疆、广州、湖南、武汉……李雪在微博中写道：“在喧嚣的今天，精神比皮肤更需要不断地保养和补给，在忙忙碌碌的生活中，似乎我们已经习惯了现在的自己，而在旅途中我们可以遇见另一个自己，也许你会更喜欢这个不一样的自己。”

走得越远心就越野，李雪要出国旅行，作为看韩剧长大的一代，韩国顺理成章地成为她出境的第一站，为此她辞去工作到韩国旅行。

不过电视剧终究是电视剧，到达韩国后，李雪感觉并没有想象得那么美好，每天翻来覆去就是烤肉、炸鸡和泡菜。街上的小吃永远是一团面糊糊一样的东西，或者只有鱼卷和关东煮，比起韩剧里的帐篷宵夜差距是不可忽视的，和《大长今》里的精致的韩餐比起来简直就是天壤之别，不过了却了自己从少女时代就蠢蠢欲动的愿望还是心满意足的。

李雪的脚步不会停止，因为她喜欢旅行中不断遇见的那另一个自己。

长长的下午，无从打发。消磨时间的选择中似乎电脑是一个不错的选择，打开电脑却不知要干嘛，索性关掉，阳光透过玻璃肆无忌惮的倾洒而来，在阳光的侵袭里会有微乎其微的灰尘四处逃窜而不得要领，靠着靠垫，晒着太阳，微屈双腿，在膝盖放一本书，看着书，或者发呆，手边放一杯热茶，时不时啜一口。散漫与悠闲是很享受，却没有更多的感动和感触。

走得远，是为了去天地的尽头会一会自己。因为只有在那样遥远的地方，你才能把世俗的喧嚣抛在身后。每天被社会压力、亲近的人和自己束缚的死死的，每天做着一定会去做的事情，好像在这“充实”的生活中迷失了自己，对于未来迷茫了，不知道自己的目标是什么。在旅行中你将更加明白，关于自己人生的定义，这样的旅行会让你一生铭记。

文玉玉大学毕业两年后就和现在的丈夫结婚了，他们是经人介绍认识的，彼此说不上有多爱，也说不上多不爱，两个人相处得一直很和谐没有过大的矛盾。现在女儿三岁了，文玉玉一直过着贤妻良母、相夫教子的生活，虽然没有辞去工作当全职家庭主妇，但是她把更多的精力放在家庭上，希望丈夫和孩子能得到更好的照顾，家庭能更幸福。

文玉玉从来没觉得自己这样的生活有什么问题，只是偶尔感到这样的生活似乎乏味了些，每天都是下班后做饭，打扫屋子，照顾丈夫和孩子的饮食起居。但是看看别人不都是这样吗？女人就是这么活着的，生活就是平平淡淡的，文玉玉也就没再多想什么。

一天，文玉玉带女儿去公园散步，看到一个心理协会在搞活动，好奇凑了过去，热情的志愿者邀请她做心理测试。

心理咨询师让文玉玉画一幅关于自己家庭的画，文玉玉在纸上画了房子、车子、女儿、老公。心理咨询师看了文玉玉的画后对她说："你看，你的画里有你的老公、你的孩子，但是没有你自己，说明你为了家庭已经迷失了自己。"

听到这里，文玉玉的眼泪顿时流了下来，她一直在尽力做一个好妻子，好母亲，她却忘记了她自己，很久都没有想过自己想要什么。

文玉玉当天回家后仍像平常一样打理家务，但是心里却没有了往日的平静，晚上躺在床上，文玉玉思索着自己应该做出些什么样的改变。

在人生中最青春最有活力的时候，在缤纷的世界里体验"身心蜕变"，探索自己心灵深处的奥秘。你会发现，原来还有更大的创造空间，自己的感官更敏锐、视野也变广了，在世界各地的容器里演化出自己的多重人格，发现不同的多角度的自我。

背上行囊，肩背的不是沉重，而是旅程开始的希望。带上相机，手上的不再是Camera，而是瞬间滋润心灵的精灵。小桥、流水、人家……每一个快门，每一张照片，都有一个动人的意味深长的故事。

沿途的风景、萍水相逢的路人、婉转动人的歌声、开怀爽朗的欢笑，它们夹杂着酣畅淋漓的汗水，此刻，感动即在，感动却永恒。抛却一切，说走就走，这是人生最华美的奢侈，也是最灿烂的自由。

独自行走，听得到内心最真实的声音

一个人只有在独自旅行时，才听得到自己内心最真实的声音，它会告诉你，这个世界是多么宽阔，你的人生不会没有出口，你会发现自己有一双翅膀，不必经过任何人同意就能飞翔。

蒋琬，是一个坚持独自旅行6年的女孩。

小时候，家里的空间不大，于是爸爸请工人将阳台做成封闭空间，使她有了自己的小天地。封闭的阳台虽有窗帘，但晚上她不喜欢拉上它，只为了每晚学习结束后，躺在床上可以看到夜空中的星星。

这样的生活持续了很长时间，蒋琬想，会不会一辈子都这样，因为许多人的一生都是在熟悉的安全感中度过的，生命中的每一天没有任何区别，连尝试新鲜事物的意愿也渐渐消逝。蒋琬觉得这不是自己想要的生活，自己喜欢的生活是每天睁开眼都在不同的地方，看不同的风景，认识不同的朋友。后来，通过旅行她做到了。

20岁时沉醉于云南蝴蝶泉、广西漓江的婉约秀美之中；21岁时震撼于陕西兵马俑、宁夏贺兰山和甘肃莫高窟的雄浑壮观；22岁时在内蒙古锡林郭勒草原无所顾忌地奔跑，在山西的乔家大院体验；23岁时顶着严寒到黑龙江参观圣·索菲亚大教堂，在吉林长白山上感受大自然的力量；24岁到湖北看看崔颢笔下的黄鹤楼、范仲淹笔下的岳阳楼；到湖南看看“停车坐爱枫林晚，霜叶红于二月花”的爱晚亭；25岁到海口抚摸压了孙悟空五百年的五指山，去广东的世界之窗做个小型的环游世界之旅，到中山大学感受百年老校的文化底蕴。

最开始蒋琬很无奈，因为环游世界是她最大的梦想，但却很难在合适的时间约上合适的人。

于是她先自己出发去了云南。就是这样一个有点迫不得已的起点，让蒋琬从此迷恋上了独自上路的感觉，没有一丝忐忑，却总有即时的惊喜，即便遇到点麻烦，也因此更加懂得求助与感恩。

虽然偏爱独自出发，但不介意在路上遇见志同道合的人，再结伴行走。因为这样的遇见是缘分，是收获。蒋琬因此结交了很多在路上认识的朋友，现在还都在网上沟通。蒋琬觉得，“驴友遍天下”是一笔可贵的人生财富。

她边旅行边写作，出版了几本游记，她写的书引起网络、电台和电视台的关注，后来就变成边挣钱边旅行了。

蒋琬感到独自旅行最大的收获是发现自己，在旅途中听得到自己内心最真实的声音。

旅行消费的是时间、金钱和精力，收获的却绝不仅仅是几张照片，更多的是无价的心灵体验，而且当再次听到这个地方名字的时候，会不由自主地把心底的印象清晰地浮现，那时自己的内心声音也会再次响起。

时光如白驹过隙，驻足凝望过往，我们每天都在忙碌，都在追逐，追求幸福，追求财富。有一天，我们突然发现，银行卡上的数字是增加了，可与此同时心灵的负担却也越来越重，心灵变得落寞了，变得无所适从了，原本的快乐消失得无影无踪，我们甚至已经找不到自己。追求富足的生活并没有错，每个人都想拥有舒适富有的生活，然而心灵的快乐很多时候却是物质所无法替代的。

每个人的内心都住着另一个自己，他不同于每天忙忙碌碌、四处奔走的你，不同于因为他人的一句嘲讽就发狂暴躁的你，不同于胆小自卑而不敢走出人群展现自己的你。

内心深处的你，有着一股神奇的力量，他会对你说："我是一个非常快乐的人！""我是一个平和优雅的人！""我取得了我想要的成就！"于是，你的脸上散发出自信的光芒，你渐渐走出生活的困窘……你内心的呼唤能真正将你引向快乐，引向健康，引向财富！

一个人的旅行则是倾听自己内心真实声音的最好方式，旅行能带领人回归到一种真正的自然，通过旅行你能找回日常生活中被你自己忽略的东西，而且这些东西更具有永恒的意义，它是一种内心体验的人生之旅。出发，回归，然后又出发再回归。在此之间，在每一轮的起点和终点，你不断的审视自己，认清世界，充实、丰满自己的人生，懂得生命的真谛。

在忙碌的生活中，多多窥探一下自己的内心，聆听一下内心深处的渴望，这种声音会在你离开所谓正常轨道后才出现，让你在奇特的一瞬间发现，"啊，原来这才是我的真正声音。"它会告诉你你不会走投无路，痛苦和挫折不会没有尽头地压着你，一切都只是暂时的，前方一定是光明的，要提起精神迈向希望。

一个人的旅行更需要勇气，辗转于各个陌生的路口，刚开始是有一种惶恐，但只要你经历了，再去到任何陌生的地方，都能很快地适应，不再惶恐，不再陌生。

微博里面有一句话："旅行会改变人的气质，让人的目光变得更加长远。在旅途中，会看到不同的人有不同的习惯，你才能了解到，并不是每个人都按照你的方式在生活。这样，人的心胸才会变得更宽广。旅行能让你开阔视野，能让你有别样的心情，让人意犹未尽……"

一个人的旅行，听见自己心底的声音……

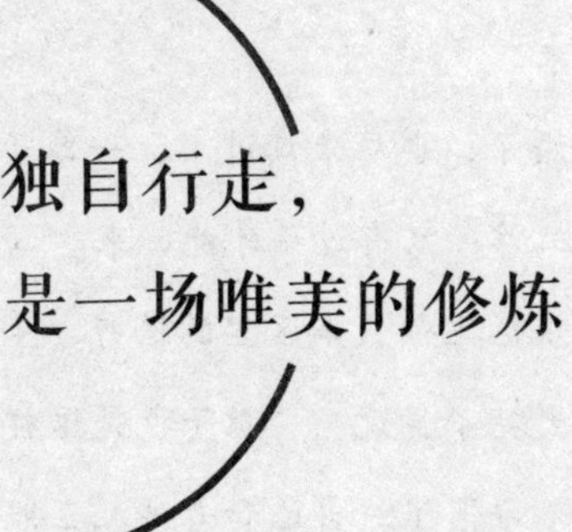

独自行走，是一场唯美的修炼

旅行是一种学习，它让你用一双婴儿的眼睛去看世界，去看不同的社会，让你变得更宽容，让你理解不同的价值观，让你更好地懂得去爱、去珍惜。

旅行让你以另外一种身份开始一种新的生活，进行新的尝试，让你重新认识自己。让你不会悲观地认为自己很不幸，因为你发现更不幸的人还很多；也不会乐观地认为自己很伟大，因为你会感到自己只不过是沧海之一粟。

柳楠是湖南人，大学毕业后父母希望她能在湖南找个稳定踏实的工作，好留在自己身边。但柳楠向往轰轰烈烈的人生，所以跑到上海闯荡，几年后，一切都稳定下来，有了自己的小工作室，生活滋润体面，自己当老板也不用看人脸色吃饭，同学聊起来也都称赞柳楠有本事，是个女强人，现在再找个如意郎君就万事大吉了。这时柳楠意识到自己的生活又要进入“一眼望到头”的危险了。

于是，柳楠放下一切，开始了一个人的一场旅行。在柳楠看来，一个人旅行在时间安排上无需与他人商量，很自由。而且没有同伴才能更好地融入当地环境，与当地人打成一片。

在贵州的山村里，柳楠遇到一对80多岁的老夫妻，柳楠被老夫妻脸上的平和与安定吸引住了，忍不住过去和老太太攀谈起来。

原来老两口当初是包办婚姻，十五六岁就结婚了，也从未读过书，一辈子去过最远的地方就是镇上，现在孩子们都在外地工作，只有过年才能回来。

柳楠好奇地问老太太为什么不和孩子一起在市区里住，市区里的医疗、生活条件都比这里好，也能得到孩子的照顾。老太太笑了笑说："孩子也是这样的想法，但是一辈子都在这度过的，去别的地方不习惯了，自己和老伴相互照顾着生活也没什么问题，就不给儿女添麻烦了，他们工作也挺忙的。"

柳楠不禁想起身边的情侣、夫妻，有着太多太多的矛盾、纠缠，归根结底就是浮躁的大环境下人的欲望太多，没有一颗平静淡泊的心去面对生活，面对自己的另一半。自己之前对于婚姻的设想是要多么多么幸福，多么多么令人羡慕……其实婚姻很简单，不过就是两个人的相互扶持，平平静静的生活就是最幸福的。

面对高大的山峰、奔流的大海、一望无际的麦田，柳楠觉得自己是那么的渺小，曾经引以为傲的能力、成就是那么不值一提，心中那份飘飘然的优越感顿时被打得灰飞烟灭。

柳楠感到独自旅行收获颇丰，而且这些收获是在自己平常的环境中所不能得到的，以后会定期进行这样的独自行走。

独自行走是一场唯美的修炼，能让你开发自己的潜能，拥有更多不同的朋友和经历，并让你对自己和世界有更深刻的认识。

独自旅行让你发现，世界远不是你在出生的城市一呆几十年所看的那样，而是你可以结交新的朋友，那些有趣的、来自不同文化背景的人。他们讲的各种曲折的故事，为你带来新的回忆，视野的开阔会让你更加懂得开放，懂得接纳。

在畅游天地间的愉悦中可以放松自己的心情，忘掉不顺心，迎接新的开始，寻找新的美丽，追逐新的感观世界，有更积极更乐观的心态面对生活。

一个人旅行时方方面面的事都需要自己处理，这会让你意识到自己是多么出色，哪怕你以前从不认为自己可以解决这一个个难题，现在都能很好地处理，这种经验会令你摆脱恐惧和疑虑，激发你去应对生活中更多的事情，带给你更多的勇气，提升你的信心与自尊。进而能突破自我，走出自己的“舒适区”，随之改变生活态度。

当你和别人一起旅行，需要做决定时，势必要考虑到对方的感受，因此很有可能将决定权交给别人，而一个人上路，能让你遵从自己真正的想法去做决定，你可以做到一切由你决定，实现你的梦想，即便你的朋友、伴侣或家人和你兴趣不同，也不意味着你永远无法实现目标。泰山顶上的自己，珠穆朗玛峰下的自己，洞庭湖旁的自己……你会发现自己原来是有很多面的。

不管是游走在大街小巷，还是花间树下，你可以跟自己说：我就是我，因为在那里你不必掩饰悲伤，也不必快乐给谁看，做一切你想做的事，感到做自己的感觉真好。有更多的时间和自己独处，让你和原先的自己重新联系起来。这是多么令人愉快的体验！

浪费是可耻的，跟团游就是一种可耻的浪费行为，匆匆踏入一个景点，囫囵吞枣般地在标志性建筑前拍照，然后再急忙忙地跑到下一个景点去，少了一份缓慢、一步停顿、一种发现、一个驻足、一份解读、一种链接与内化。

一个人的旅行，会更贴近自己的内心。真正地停下来，享受自我的体验时刻，也许浮光掠影，但这才是深入体验，感受不同地域不一样的节奏与表象。

累了就找个舒适的小店，挑一张雅致的明信片，送给远方的意中人，背面写上：“某年某月某日，下午某时，天气晴，我在某地，我很好，想念着你。”你不会觉得与心爱的人分离是很痛苦的事情，因为你知道当你再次回到他身边时，你带给他的是一个更好的自己。

最美的风景要和最爱的人分享

于2015年1月10日起播出的，《一路上有你》是浙江卫视的一档明星夫妻真人秀节目，节目通过三对明星夫妇的真爱之旅，传递有爱相伴、一路有爱的理念。

《一路上有你》将拍摄地定在韩国，营造出特殊氛围，三对夫妇白天出去各自完成任务，接受节目组设置的环节，体验当地的社会生活以及不同的风土人情，晚上回到大家共同的“真爱之家”生活。

这个过程使明星夫妻对家庭婚姻生活有了更加深刻的认识，也感动了很多观众，引发观众对于婚恋和家庭关系的思考。

王丽媛和陈欣都是广东人，小时候他们是邻居，两家的父亲更是发小，不成文的“娃娃亲”渊源就此结下。

“你毕业后想做什么？”陈欣问道。王丽媛说：“我喜欢旅行，喜欢陌生的地方，陌生的生活方式。”看着陈欣认真的表情，王丽媛笑了笑说：“你是不是觉得我很不切合实际？”陈欣还是很认真地回答：“不，这是个很好的理想，如果你愿意，我就做那个陪你走世界的人吧……”就此，两个人在一起了。

蜜月旅行他们去了温岭石塘。那是一座建在山上的小镇，房屋由一块块石头堆砌而成，因此石塘又被称为“东方的巴黎圣母院”。小镇着实朴素，最繁华的街道也不过四五米宽，他们只花了一上午的时间就把石塘的市井逛得差不多了。下午，他们去了海边。那里一边是悬崖峭壁，一边是被海水磨得光鉴如镜的岩石，海浪拍打在岩石上，激起一层薄雾，然后褪去，周而复始。

王丽媛心想，这也许就是“海枯石烂”吧，等到自己老得走不动的那一天，想起曾经热烈地拥有过如此轰轰烈烈的爱情，也就不枉此生了。

婚后的几年，王丽媛与陈欣的脚步越来越快，旅行正增加着他们人生的厚度。在他们眼中，世界不再是地球仪上的一个个名称和色块，每一处都有它独特的生活和思考方式，他们了解得越多就会越感觉到自我的狭隘和渺小。

旅行的过程如同一次修行，放飞的不仅是身体，还有心灵。王丽媛在博客里写道：“最美好的爱情关系，是嵌在共同奋斗中的相互依赖，用旅行来做纪念的岁月里，过去的和即将到来的都是无比幸福。”

2014年，意外的旅游奖金，20天的长假，一系列的机缘巧合成就了陈欣和王丽媛向往已久的尼泊尔之旅。

刚到尼泊尔，他们的一部分钱就被偷了，两天后，他们准备出发去奇旺国家公园，没想到前一天傍晚，穿着凉鞋的王丽媛脚趾受伤。两人商量过后，决定不改行程，王丽媛在陈欣一路的搀扶下一瘸一拐地到了奇旺。一路坎坷，当陈欣举起相机要给王丽媛在奇旺街头留影时，王丽媛依旧用灿烂的微笑面对着镜头，歉疚和疲惫的陈欣在这样的笑容里感觉到了力量和幸福。

陈欣在谈旅行和幸福的关系时说：“爱情迟早会在平淡中褪去激情，唯有夫妻始终牵手旅行才会拥有最美好的记忆，因为一直在路上，每天都出发，每天都是全新的，所以爱永远不会有终点。”

曾几何时，你是否想带着最爱的人去游览名山大川，体验各族风土民情：去西双版纳赏美景；去敦煌游莫高窟、鸣沙山；去西藏布达拉宫，一睹高原盛景；去海边晒晒太阳，或是去内蒙草原上驰骋骏马看摔跤，吃肉喝酒。然而每当你热情满满地打算付诸实践的时候又苦于囊中羞涩，抑或是放不下工作，面对金钱和时间的双重考验不得不望而却步。

在这个经济高速发展的社会，我们被财富绑架，困在生活的网中。人生就那么几十年，房子不是生活的全部，也不是家的唯一载体，只要和自己所爱的人在一起，走到哪里都是幸福的，生活可以简简单单，有爱就有家。

旅行的意义并不是你看过多少美丽的风景，而是你和爱的人在这样的一个过程中所经历的相互照顾，在困难面前相互扶持，共同体会艰难困苦和苦尽甘来，找到彼此心灵的依靠。

正如一位资深驴友所说："一个人旅行有一个人的乐趣，两个人旅行有两个人的浪漫，如果是一个人，旅行可以成为传奇；如果是两个人，旅行可以成为故事；只要你有爱，只要你有心，只要你行动起来，无论远近、无论奢俭，带着心爱的人去游玩吧，处处是风景！"

和自己心爱的人去旅行，不需要带任何牵挂，只需彼此手牵手到一个没有人认识的地方去，尽情享受美丽的风景，感受当地的民族文化。和最爱的人一起看日出，在山巅沐浴第一缕阳光，虽然短暂，却美丽至极，没有任何繁复的人工装饰，完全是大自然的恩赐。在湖边的微风中，波光粼粼的水面上泛起些许涟漪，下午借着西下的夕阳泡壶茶，静静地任时光匆匆流过。

结朋伴友的旅行是喧闹的，携手爱人的旅行是幸福的。和最爱的人去旅行，多出来的是一份责任感，拥有的是未来共同的回忆；在琐碎之间，增加了彼此对于爱情的勇气和执着，能影响两个人的一生。

赶快和最爱的人收拾行囊，出发吧。

你有一万个背起行囊的理由，只要一个决心就能实现

“我曾经做过很多大梦，比如打算满世界旅行，做出一番大事业，举世瞩目，但年与时驰，志与日去。好些年过去了，我还是坐在这里，没有出发，没有行动。”这是很多人年老后，后悔年轻时没实现自己的愿望而说过的话。实现理想并没有那么难，需要的只是一个决心。

楚雁崖一直想去西安走走，但是对于上班族来说想要错过高峰出去旅游真是很不容易，在那人头攒动的黄金周里旅行，没了兴致也失去了意义。而且身在广州的他也找不到愿意和他去西安的同伴，每个月收入也不高，除去日常开销也剩不下多少钱。

每次想去的冲动都被现实的冷水熄灭，楚雁崖想，这样下去自己永远也去不了西安，于是楚雁崖下定决心，用不断加班来换得休息，平时节俭度日储备好旅行资金。楚雁崖以前一直在犹豫纠结独自旅行会不会很无聊寂寞，所以

很希望能有人同行，但是现在想去旅行的愿望特别强烈，也就忘了考虑这个问题。他开始独自上路，享受旅行。

楚雁崖飞了2个半小时到达咸阳国际机场，然后坐机场大巴到了西稍门，打的到回民坊，入住青年旅舍的十人间，躺在床上已经是半夜了。

第二天睡到9点多才出去吃早餐，因为之前看的攻略都是说回民街的美食如何如何的好吃，所以就去吃了羊肉泡馍，但对于他这个广东人来说并不适合，所以第一份美食就给了他不少的失望。

在秦始皇兵马俑博物馆，楚雁崖感觉学习到了很多历史知识，在参观的过程中通过蹭导游的方式，了解历史文物背后的故事，很多导游无私地大声讲解，跟在旅游团后面就能免费地听导游讲故事。虽然兵马俑的图片网上就可以看到，但是现场看的感受还真不一样，楚雁崖被“活生生”的兵马俑所震撼，想想2000多年前的生产水平和工艺技术，楚雁崖觉得嬴政这家伙真的是一个自私、残暴、又不乏能力者。

第三天一睁开眼睛又是九点多，楚雁崖这次去尝试的是羊杂汤，觉得味道还不错，一大碗羊杂里面有粉丝，不过羊肝有点腥。

在爬华山之前楚雁崖看了很多攻略，都说很冷，风很大。不过他爬山那天天气特别好，如果不在山上过夜的话，他觉得爬山上去一件短袖，外加一件风衣休息的时候穿就行了。因为要在山上过夜，所以背包里还有一件羽绒服。

途中遇到一个北京的哥们，和他商量之后，两个人同意搭伙上华山，虽然到最后也不知道他叫啥，但是又何必知道呢，这一生萍水相逢的人太多了。北京哥们告诉他，北京户口的男生只找有北京户口的女生，也不知道是不是真的。

大概用了5个小时到达北峰顶，一路爬山觉得体力还行，等到上了北峰顶休息了一下之后反倒开始觉得有点累了。而且天黑之后天气也开始变冷。按照先前制定的计划在山上住一夜，于是逛完北峰之后继续向前走，可能由于整个人兴奋过后开始疲惫了，加上寒冷，不是很长的一段路也走得很艰辛。

在华山的第二天，四点半他们就起身去东峰看日出，千辛万苦等来的日出让楚雁崖觉得还是值得的。看完日出，简单吃过早餐，经过昨晚的休息之后觉得自己体力还行，于是把之前做缆车下山的计划改成步行下山，小伙伴也赞成。

全程都是石阶路，加上下山惯势，一路小跑，下山用了不到3小时就到了山脚，步行下山的代价就是到了山脚两条腿一瘸一拐不能正常走路。不过这也算是痛并快乐着吧！

之后的三天里楚雁崖又去游玩了西安博物院、大雁塔、小雁塔，在大学习巷吃了醪糟汤，好喝到简直让他又重新认识了西安的美食，一家小贩卖的肉夹馍也好吃到爆。

回到广州的楚雁崖将带回来的西安特产分送给同事，并生动地讲述着他在西安的见闻。

世俗的纷扰、生活的琐碎使人精疲力尽，黑夜下，撕开那张面具尽是怠倦的容颜、无神的瞳孔，在各种“X奴”压力之下，使人迫切想逃离这周遭被钢筋混凝土堆架的城市，停止每日在车水马龙的市井里忙碌的穿梭。可是，却迈不开步伐，怎么也走不出这个圈，担心自己势单力薄，无法获得支持。其实，如果你知道要往哪里去，全世界都会给你让路。

不管是男生还是女生，都应该多出去看看世界，看看外面的人和事，他会帮你解决很多事情，也会让你用新的眼光去看待世界。

勇敢地坐上火车你就成功了，带着心态，带着自己。从你的城市出发，一个人的黄昏，橘色暖暖的，一辆列车，坐在最后一排。看前面一个个空位，想念一个个人，旅途中，蓦然回首，发现身后的足迹，都是你抛下的难过与悲伤。

所以，如果你目前的生活正处于失意，去旅行吧，一个人一路上看风景，不管前路如何，不管积蓄和工作，先这样吧，放自己一个长假，遇见形形色色的路人，看到生命可以改变的更多形式。事实往往证明，只有离开“现在的”生活，你才会明白你该如何生活。你会豁然开朗，看到不一样的自己，对生活充满希望。

请翻开这本能赋予人最大勇气的“我旅行”指南书，趁着还年轻，开始属于你的流浪故事，渐渐地，你就会从一个什么也不懂的新手变成别人羡慕的驴友。

CHAPTER

seven

第七章

生活是用来热爱的，而不是用来抱怨的

对人对物都怀有一颗感恩之心

感恩春天带来的生机勃勃，感恩夏天送来的苍翠欲滴，感恩秋天携来的金桂飘香，感恩冬天捎来的银装素裹。

作为单个的社会成员，我们都生活在这个社会大环境中，从这个大环境里获得了生存条件和发展机会，也就是说，世界是有恩于每个人的。感恩，说明一个人对自己与外界环境的关系有着正确的认识。报恩，则是基于正确认识上的责任感和行动。人们自发自觉地真正做到严于律己宽以待人，认真、务实地做好事情就不会感到孤独，没有感恩和报恩的存在，很难想象一个社会能够正常发展下去。

汉代的大将韩信在未得志时，境况很是贫苦，常常吃不饱饭。那时候他跑去钓鱼，希望碰着好运气，可以果腹。但这究竟不是一个可靠的办法，还是时常饿肚子。在他钓鱼的地方，有很多漂母在河边漂洗丝棉，其中有一个漂母，看见韩信饿了，就拿出饭给韩信吃。几十天都如此，直到漂洗完毕。韩信在艰难困苦中，得到这位漂母的恩惠，很是感激她，于是韩信对那位大娘说：“我一定重重地报答老人家。”后来，韩信替汉王立了汗马功劳，被封为楚王，回到家乡找到从前帮助过他的漂母，便送酒菜给她吃，更送给她黄金一千两来答谢她。

人的一生中，小时候接受的是父母的养育之恩；上学，有老师的教育之恩；工作以后，又有领导、同事的帮助之恩；年老后，又要接受晚辈的照顾之恩。永远也不要忘记生命中每一个帮助过你的人，没有他们的帮助就不会有今天的你。

一个懂得感恩的人，决不会无休止地抱怨生活，也决不会为自己没有得到的东西斤斤计较，而是会时时刻刻感谢生活的赠予。他会把日常生活中、工作中、学习中所遇之事、所遇之人给予的点点滴滴的关心与帮助，都用心去铭记，将那些光辉的人性之美和不图回报的无私惠助之恩牢记于心。感恩不仅仅是用自己的行动去报恩，有些恩情是无法回报的，或者是不能等量回报就能还清的，唯有用纯真的感情将这些铭刻在心，才不辜负给你恩惠的人。同时你还要将爱传递出去，让更多的人感到温暖和帮助，世界才能充满爱。

“感恩”是人与生俱来的本性，是一个人不可磨灭的良知，也是成功人士的必备品格。一个不知道感恩的人，胸膛里跳跃的是一颗冷酷无情的心，身上所体现的是自私、贪婪和虚伪的特点，眼睛里满是利益。这样的人怎么能为社会做出更大的贡献，又怎么能取得更大的成就呢？

20世纪60年代初，陈毅时任国务院副总理兼外交部长，日理万机，公务繁忙。一日，他出国访问归来，得知老母病重，下了飞机就赶忙回家看望。陈毅刚跨进家门，就看见老母让身边照顾她的保姆藏起了什么东西，忙问：“娘，你把什么东西藏在床下了？”母亲眼看瞒不过去，只好如实告诉儿子藏起来的是她刚尿湿的裤子。陈毅听了动情地说：“娘，您久病在身，我不能在您身边侍候您老人家，心里着实难受。这裤子我马上拿去洗了，还藏着做啥子？”

好说歹说，保姆怎么也不让陈毅洗，觉得让这么大的官去洗屎尿裤子，多不好。母亲也劝阻道："你好不容易回家一趟，一进门就让你洗脏裤子怎么行？"

陈毅说："您就允了吧！我小的时候，不知您多少次给我洗尿布屎裤。现在，儿子有机会为您老人家洗一洗脏裤，虽然不能报答您的养育之恩，也总算尽了一份孝心吧。"不容推辞，陈毅便躬下身从床下拿出母亲的尿裤和其他脏衣服，一起去洗得干干净净。

《朱子家训》中有"一粥一饭，当思来之不易；半丝半缕，恒念物力维艰"的句子，直到现在仍被常常提起。"感恩"是个舶来词，感恩不光是对人要感激，还要感激这个世界上一切的一切，一草一木。

每天吃的粮食给了我们能量，穿的衣服帮助我们抵御寒冷，住的房子为我们遮风挡雨……而这里面又饱含了多少人的辛勤付出，多少能源资料的消耗，所以一切来之不易，我们应该好好珍惜，要珍视拥有的一切。洗手后不要忘记关掉水龙头，纸张要重复使用，不要剩饭剩菜。一切从日常微小的事物开始。让感恩成为生活中必不可少的一部分。

感恩是一束金色的阳光能照亮大地。从现在开始，用心、用行动感恩，在生活中的每一个细节上，让感恩温暖人生，温暖世界。

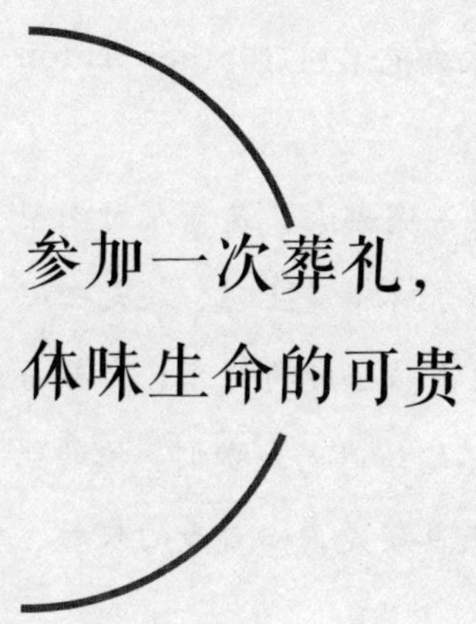

参加一次葬礼，体味生命的可贵

人在年轻的时候往往感觉不到生命的可贵、人生的短暂，因为死亡似乎离自己还很遥远，而且年轻时的生活也甚是多彩，生与死的问题无暇顾及似乎也没有必要去做太多的思考。

每一天都有人逝去，也有人降生，随时都会有生命结束也随时都会有生命开始，这一切都是静悄悄的，其间的悲喜耐人寻味。人类生生不息，社会瞬息万变。人们每天都在消耗生命，换取维持生命的资源，到最后，幸福的人带着无限的眷恋，不幸的人带着无尽的悔恨，都免不了离开人间。在这过往之间，意义何在？生命始终如一地向前，没有让你后悔与回头的机会。在自然规律生老病死面前，我们都太渺小了，无论你是达官显贵还是贩夫走卒，都只能任由其摆布，无力反抗。每个人所能做的，就是热爱自己的生命，坚持自己的梦想，无怨无悔地走过这一生。

曾经网上有一个传说中104岁的德国大爷，帅爆了国外的朋友圈。他随

身带着雨伞，头上戴着英伦帽，脖子上打着蓝色领结，身上穿着法兰绒三件套，裤脚挽起来露出蓝色袜子、雕花布洛克皮鞋……就像从小说里走出来的老派绅士，却带着十足的时尚感。这位“绅士”典范名叫Günther Anton Krabbenhöft，他说网友把自己年纪“加了一倍”。

Günther Anton Krabbenhöft在网友眼里是帅得一塌糊涂，是资深时尚型男。但他本人却不这么认为，觉得自己穿得太普通了，不管是上班，还是去运动，都是这么穿，没什么。他每次面对镜头总会露出阳光般的笑容，自然亲切，平和优雅。从几张黑白照片中看到，气场绝对不输给时尚大咖们。他的理念是：“穿着要让自己看着愉悦。”这反映出了外表其实是内心自我的映射。

追求时尚和坚持时尚是一种生活态度，是注重生活品质和热爱生命的体现，本就与年龄无关。做一个有自己品位的绅士，让自己充满活力，每天都在满满的幸福感中度过永远都不会老。

生命因有限而宝贵，若不知珍惜，就无法抓住现在和未来。当一个老人离开了人世，也许上了天堂，但无论如何，他不存在于这个现实的世界上了，对于过去的事情他无能为力，将来的事情也无能为力。还活着的我们对过去的事情也同样无可奈何，而我们却可以把握未来，而把握未来的方法就是珍惜现在，将今天做到最好。现在是过去、现在和未来中唯一可以掌控的，只有将现在做成自己想要的，未来才会成为自己想要的，一生才会成为自己想要的。不要因为过去的伤痛、现在的困难而改变自己的方向，放弃自己心中所愿，放弃未来，甚至放弃自己。

小厨师齐哲，因为买不起房子，在女友父母施加压力的情况下，情投意合的女朋友不得已离他而去。他悲痛万分，终日借酒消愁，烂醉如泥。他的师父不忍心看着自己一个好好的徒弟就这么沉沦下去，就问他：“你还有什么？”齐哲悲痛地说：“我什么都没有了，我是一个废物。”师父正色道：“不对，你有强壮的体格，你很聪明、很机灵、为人忠厚，你还有手艺，你还很年轻，以后还有很多时间，凭借这些你可以有你想要的一切。”齐哲似乎从消沉中清醒过来，看着师父的眼睛，好像看到了黑暗里的一丝光明，思索良久，放下了手中的酒瓶，回到工作中。

五年之后齐哲有了自己的一家酒店，买了房子和车子，和未婚妻打理着自家的生意。

现在很多人都感到迷茫，无论是刚出校门的大学生，还是已经工作几年的职场中人，就连中年人也没能“不惑”，也会感到迷茫。那么问题来了，为什么这么多的不同阶层、不同经历、不同年龄段的人都会感到迷茫？原因是没有领悟到人生的真谛，不知道这辈子到底要得到什么，自己到底在为什么而活。

这个问题没有人能回答你，也没有权威的答案可以拿来使用。要问你的心，让心告诉你，你这辈子要实现什么，成为什么。将心的声音作为你的人生理想，接下来就是用努力去实现理想，人生即可达到圆满。一个法国男人巴勒，儿时看过一本称作《消失的地平线》的书。怀着对书中香格里拉美景的向往，巴勒背起行囊，在离家一万多公里的地方呆了16年，读书、劳作，过着回归田园诗人般简单纯粹的生活，无拘无束地活在那片土地上。因为这是他内心的向往，是他自己喜欢的生活方式。保持生命的本色，聆听内心的声音，此中的快乐绝非浮华利禄可比。

参加一次葬礼，在生命的终点往回看，犹如当初上学的时候考试，看老师批改完的卷纸，上面的对错全部显现出来，你也就知道自己为什么错为什么对。在哀悼死者、缅怀故人的同时真切地体会一下当自己面临死亡时的感受。“最痛苦的泪水从坟墓里流出，为了还没有说出口的话和还没有做过的事。”假如自己的生命即将结束，会不会有遗憾？死者的遗憾会不会成为自己的遗憾？那么这剩下的一段人生路，又该如何走过？生命不是用来抱怨的，而是用来热爱的。

我们要用行动点亮生命之光，迎着冉冉升起的旭日，享受属于自己那份独一无二的人生之旅。

在平常生活里活出滋味

人们大都追求飞扬的人生，其实，平凡才是人生的底色。

“感谢我的母亲，她教会我将平凡的生活过得不平凡，还教会了我以绅士的态度优雅地面对这个社会。”这是一个儿子用他横溢的才华献给母亲的一封情意满满的家书。甚感于将平凡的生活过出不平凡的那种劲头来。导演马修·沃恩缔造的特工世界彻底地颠覆了以往的007特工电影带给我们特工形象。特工不一定要很严肃。影片讲述了一个资深特工招纳了一个遗传了父亲特工基因的街头混混少年，经过一连串的特工训练，成为一名绅士的特工的故事。当《王牌特工：特工学院》滚动的屏幕上出现这样一行字的时候，让人感到突然就像被某种力量牵制了。

曾经有一个樵夫，砍了半辈子柴的他开始厌倦这种辛苦劳累的生活。于是，他到山上的一座寺庙里去请教禅师。他对禅师说：“师父，我每天的生活就是上山砍柴，然后再把柴担到集市上去卖掉，周而复始，日复一日，生活没有一点激情和幸福可言。我想要幸福的生活，请您指点我应该怎么做吧。”

禅师看了看他，问道：“你为什么觉得这样的生活不幸福呢?”

樵夫回答道：“我每天都要为了养活家人而奔波操劳，要为子女的前程操心，又要为年迈体弱的父母到处求医问药。我完全失去了自我，每天都为别人活着，所以我觉得这样的生活一点都不幸福。”

禅师听了樵夫的话微笑着说：“如果现在有人要用一万两黄金和千亩良田换你的房子、你的妻子儿女和你年迈的父母，你愿意吗?”

樵夫立即摇着头说：“不愿意不愿意，他们是我最亲近的人，无论用什么我都不会交换的。”

禅师听了樵夫的话笑了起来，说：“你看，你现在拥有比黄金和良田更珍贵更有价值的东西，你每天为这些你视为珍宝的人付出，你应该感觉到幸福才对啊!”

听了禅师的话，樵夫心中终于释然了，他这才明白，原来幸福一直就在自己的手中，就在这虽然清贫但是充满亲情和温馨的日子里啊！也许，很多人心中的幸福就是所谓的有权、有势、有地位。而在我的心中幸福却是平凡的生活。

你是不是厌倦了每天早晨都是豆浆油条？是不是厌倦了每天中午都吃盒饭？是不是厌倦了每天晚上回家自己煮面？是时候做个改变啦。比如说，今天是礼拜一，你可以体验一下美国人的生活习惯，早晨牛奶配面包，或者华夫饼，甜甜圈。午饭吃披萨，晚饭红酒配牛排，加蔬菜沙拉。第二天你可以体验一下韩国人的饮食习惯。这样每一天都是新鲜的，而且你在试图了解这些饮食习惯的时候也是在学习。

是不是觉得衣柜里的衣服很单调？是不是觉得每天做自己很没有趣味，你可以挑一天成为你想成为的那种人，做他要做的事情，比如说，今天你想体验知识分子的感觉，那么这一天你可以一整天都在读书中度过，晚上还要找个时间写作。世界上有千千万万种人，当你觉得做自己不愉快的时候，你可以试着做别人，在自己的想象里，做一些简单的事，以别人的思维来思考，到最后你会发现也许还是做自己最好。

准备一本笔记本，记下你所有的梦，没有什么比自己的梦更加有趣了，有些梦精彩得可以赶得上好莱坞大片了，而且主角还是自己。可是梦往往容易遗忘，这时候，把它记录下来，当你翻阅这些梦时，你甚至可以在其中找到不少写作的灵感。

清晨的第一缕阳光、春天的第一场小雨、田野中的第一抹嫩绿……这些都是大自然馈赠给我们的最真实最平凡也是最美好的幸福，只要静下心来，用心去感受，让心灵接受阳光的沐浴，我们就会感觉自己真的很幸福。很多人每天都忙忙碌碌、奔波劳累，只为寻到生活的精彩，似乎美好的一切并不是可以轻易得到的，非得需要用辛勤和汗水去交换。其实，想要活出滋味并不难，因为它就在我们平凡的生活中。

不平凡固然伟大，而平凡则是这个世界的基调，是生活的底色、原色，是人生的常态。平凡，是大多数人的人生轨迹。英雄人物绝大多数的时光都浸透着平凡。伟大也只有在平凡的映衬下才能显示出它们的价值。轰轰烈烈其实就孕育在平凡之中。

我们可以赞美他人的成就，羡慕他人的富有，惊讶成功人士那惊天动地的人生经历。但绝不可以轻视自己的平凡，厌恶自己普通的生活。许多很平常的东西往往是最重要的。水和空气是不稀奇的，但它们对我们的生命是一刻也不可缺少的；青草和绿叶是寻常之物，可只有它们才能给我们提供新鲜的氧气；大地泥土平凡，没有它们，我们就无法取得维持生命的能量和营养……生活本来就是平凡的，只要尽到自己的全力，承担了责任，实现了价值，平常的生活也同样具有魅力，也同样趣味无穷，那就是一种成功，也许你也正在被周围的人羡慕着。

生活的美好不是在拥有了富裕的物质条件、拥有了显赫的社会地位后才能体验得到的。生活的闪光点就是在每个最平常最简单的日子里被创造出来的，给爱人一个温暖的拥抱，用心制作一份美味的早餐，尝试一件从未做过的事情……你就会发现生活中时时处处都趣味盎然。

体验贫穷的滋味

罗曼·罗兰说过，“我们生活在没有变故的日子里，不觉得一切顺利进行是多么可贵和多么值得我们欣慰和感谢的。”

如今物质条件富足的我们不再像父辈那样珍惜一粥一饭，一丝一缕了，甚至铺张浪费成了面子的象征。

2015年10月17日是“国际消除贫困日”，也是我国第一个扶贫日，为响应联合国世界粮食计划署和中国扶贫基金会的号召，增进对贫困的感受，衢州新闻网微信、微博、三衢论坛三大平台邀请网友参与体验“6.3元过一天”活动。

网友王汝贤早上8点带着6块3毛钱出门，面对楼下众多的早餐店，纠结了好半天，最终花1块钱买了两个馒头对付了一下。上班幸好有了公共自行车，王汝贤就没花一分钱心情畅快地来到了单位。

才10点半，两个馒头已经被消化得差不多了，饥饿的感觉越来越强烈。好不容易熬到下班时间，王汝贤急忙冲进单位食堂，同样，对于四五块钱的肉菜只能放弃，选择了一个大白菜和一个老南瓜，这顿饭一共花了3.5元，王汝贤形容自己当时的感受："心跟着都碎了……"

一想到兜里仅剩1.8元，整个下午都没心情工作了，晚上在街上转了一圈，还是没找到能花1.8元填饱肚子的食物。晚上7点多，王汝贤沮丧地回到家，只能节食一顿。

王汝贤体验的感受是饥饿。吃不起食物以及为下一餐食物的担心成为你生活的重点，是一种非常无奈、焦虑的感受。这让王汝贤对贫困有了些感同身受，希望以后可以帮助很多饥寒交迫的人们，并提倡让更多的人进行这种体验。

网友姜博文体验活动时恰逢周末，想过最简单的方案就是三包2元的泡面搞定，还能剩下3毛钱。不过体验也要保证基本营养供给，所以在方案上他做了优化。

早上，姜博文故意起晚了一点，9点时去买了3只小笼包。如果买杯豆浆的话预算就超标了，所以他提前拿了个杯子问老板倒了杯白开水。小笼包虽然小，但是全肉馅的，够他抵挡一阵子了。

出乎意料的是在10点30分左右，肚子第一次提出了抗议。为了节省体力，姜博文没有像以往一样去公园打球，而是在公园附近坐了坐晒了晒太阳。

11点，离中饭的时间尚早，肚子已经提出强烈抗议。11点10分，姜博文实在忍不住了，带上事先准备好的碗去便利店买了包泡面。

事实上，一碗泡面怎么能撑一个下午？姜博文就回家午睡以减少消耗，但即使睡了两个小时，下午的时间依然漫长，饥饿的感觉时不时涌上来。终于到了晚饭时间，包里还剩下2.8元，就买了个鸭梨，把最后剩下的1元钱买了个茶叶蛋。

虽然看上去体验套餐很丰富，有肉有蛋还有水果，但是颗粒米饭未进，实在"伤不起"。名义上成功的一次却是失败的。姜博文认为，这样的状态根本无法工作，这营养绝对跟不上一个成年人的需求。

在6.3元过一天体验活动中，大多数体验者都提到饥饿和无奈这两个词，即便成功的人也毫无喜悦之感。

在经济高度发展的今天，中国仍然有近1亿的贫困人口，在他们的生活中，6.3元过一日并非体验，而是常态。

在离首都北京100多公里以外的某个村里有一户人家，他们住泥房、吃粗粮，一家只有一亩地，由于气候条件限制，只能种玉米和土豆，家里的墙是用报纸糊的，老式的衣箱上摆着一台已经坏了的显像管电视机，主人不肯舍弃，因为那是家里唯一的大件电器。

有了这样鲜明的对比，经过这样切实的体验，或许，你会重新审视、珍惜当下已经拥有的物质条件充足的生活，才会有种满满的幸福感，在司空见惯的铺张浪费中，才会懂得什么是勤俭，什么是节制。

或许太过幸福并不是一件好事，在体验过一番别样的贫困生活后，你才会明白“身在福中不知福”的含义。

现今的我们在享受着极大富足生活条件的时候，应当怀有一颗惜福的心，当我们厌倦了牛奶鸡蛋的早餐时有人在喝玉米糊糊，当我们扔掉不合心意的新衣服时有人在穿破旧的衣服无法御寒……上帝给谁的都不会太多，比我们生活得凄惨的人数不胜数，所以我们要珍惜每一粒粮食，珍惜每一滴水，珍惜每一份获得，常想“一粥一饭，当思来处不易；一丝一缕，恒念物力维艰”，要时时对周围的人和事充满感恩，只有这样，才会对生活多一分知足，少一分抱怨，我们才会活出生体的多种滋味。

将自已所珍惜节约下来的财富布施给那些依然处于饥寒交迫中急需救助的人，你不穿的还很新的衣服，用过的书本，家具和家电……对于你来说这些无关紧要，但却给贫穷的人们带来了雪中送炭的帮助。这种布施所带给人的快乐，远远不是自已独自享受物质财富所能比拟的。

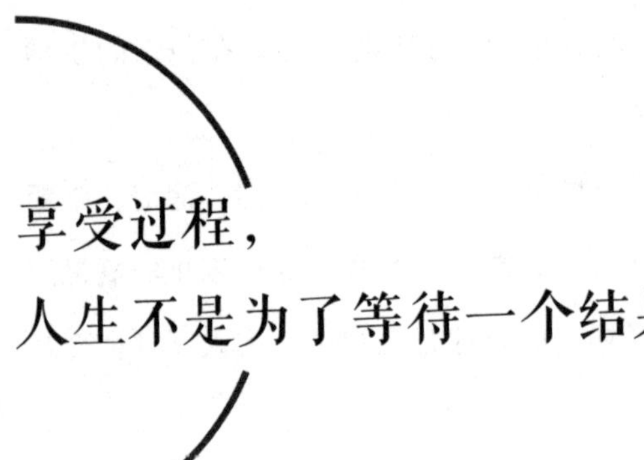

享受过程，人生不是为了等待一个结果

人生就像旅行，若只着眼于终点，就会错过沿途美丽的风景，旅行也就失去了意义。

美国经典大片《泰达尼克号》，2012年再次上映，里面的男主人公杰克（Jack）说的一句话打动了女主角罗丝（Rose）的心："享受每一天。"

在日本有一位著名禅师叫临济，在他临去世前，数千名门徒聚集在一起聆听他最后的讲道。可临济只是躺着，面带微笑，不说一句话。看着他快死了却不说一句话，他的一位老朋友，同样也是有名的大师提醒他："临济，你是否已经忘了你最后的遗言了呢？大家都盼望着呢。"

临济说道："请听！"周围全然的安静起来，每个人都以为他会说些多么伟大的事情。

这时，只听见屋顶上两只松鼠在打架，奔跑着，尖叫着……他说："多美！"然后，他微笑着就去世了。

他已经表达出了他最后要向世人传递的道理：所有的存在都是一样的，用心享受这一切。这就是他的整个哲学，没有什么东西是伟大的，也没有什么东西是渺小的，什么东西都没有区别。

西方有个哲学家说过：人活着有两大痛苦，一是得不到你想得到的东西，二是得到了你想得到的东西。这告诉我们：结果只是短暂的一瞬间，成功了高兴一下也就结束了，失败了沮丧一阵也就结束了，都会过去的。人生最重要的是那个美妙的过程而不是结果。秉持着今天必须成功，那么你必将拥有一个美好的未来。正如中国那句古话叫：车到山前必有路。

现在社会生活压力对于我们每个人来说都非常大，使我们得失心非常重。如何缓解这种心理倾向，已经成为一个社会问题。学会享受过程之美，是一个很好的释放心理压力的方式和正确的生活态度。任何事物的过程，都是一个个小的结果串连起来的。我们对任何事情的付出不要只局限在追求一个狭义的回报上。用享受的心态去面对生活，你就会获得不同的体会与感受。因为人生本不应该有终点和目的地，也没有哪一段人生是你的过渡，我们要做的只是把每一天都过得充实、快乐、精彩。不懂得享受过程，就不会有好的结果；懂得享受过程，理想的结果自然会出现。

中国女子羽毛球运动员张宁，从1994年开始就代表国家队出战，虽然一直是国家队的一员，但状态一直不是很理想，只能处在国家队第三单打的位置上。2004年她已经29岁了，对于运动员来说已经是“高龄”了，她却在这时达到了自己运动生涯的顶峰，取得了奥运会单打冠军。记者问她取得成功的原因，她说：“以前我是为取得好成绩而训练、比赛，现在我是喜欢羽毛球运动，我能够享受训练和比赛。当注重过程了，你就会赢得这个比赛。”

最重要的不是某个结果，而是其中的过程。并不是每一份努力都要得到收获，并不是每一次坚持都要看到成效，并不是每一个微笑都要得到回应……这就是人生。回过头来，看看我们过去的点点滴滴，哪些日子是印象最深刻最美好的？也许是在旅游过程中经历独特的风土民情时，也许是品尝了一份精美甜品而感到味蕾的欢愉时，但那种快乐只是暂时的，在头脑中已经记不起具体的

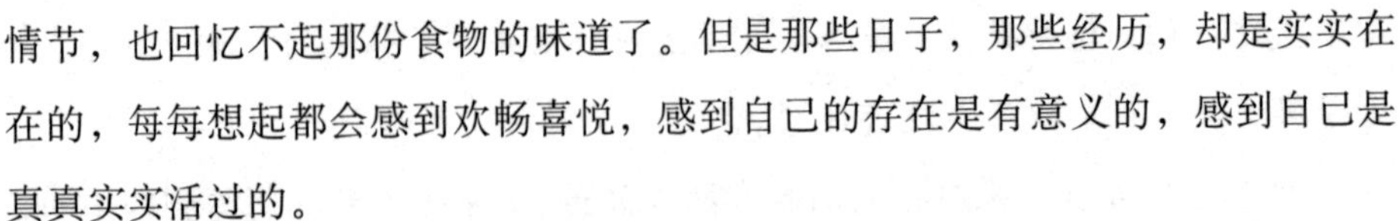

情节，也回忆不起那份食物的味道了。但是那些日子，那些经历，却是实实在在的，每每想起都会感到欢畅喜悦，感到自己的存在是有意义的，感到自己是真真实实活过的。

人生在世，草木一生，此前不曾有，此后也不会再有。享受每一天，就是让每一天都过得有滋有味，过得有意义，让每一天都感觉到没有白过。今天和久违的朋友聚会了，共叙了往事，展望了未来；今天去向往已久的旅游胜地旅行了，不仅实现了心愿，还尽情享受了风景带来的快乐；今天完美地完成了一项工作，感到了成功的喜悦，这一天很有意义，这一天没有白过。

以色列有一种植物，名字叫沙漠玫瑰。这玫瑰乍一看根本不像玫瑰，长得和枯草一样。以色列的朋友会告诉你：把它带回去，放在水里，不要着急，连续观察它八天，你一定会发现它是最美的玫瑰。你不信，第一天早上起来，发现“玫瑰”中间一个嫩芽发了出来，有生命力但不美。第二天早上，最里面一个花瓣打开了。第三天第二个花瓣打开了，第四天第三个花瓣打开了，发现它好像有点美了。到第八天所有的花瓣依次打开了！它真的很美很美。这时你会很兴奋地跟其他人说：“最美的玫瑰！”问其他人有没有感觉，没有。因为其他人只看到了一个结果。

总而言之，享受每一天，就是不要虚度自己的时光浪费自己的生命，要有所追求地用心生活，用积极勇敢的态度面对人生道路上的每一件事情，用全力去做好。尽情享受身边的人、工作和生活带给自己的五味杂陈和千姿百态，我们的心灵就会得以充实，这一天就没有荒废。有一天回过头来看的时候，我们会为那些过得非常充实的每天而微笑，为心中饱含着满满希望的回忆而微笑，因为那些记忆才是真正美好的收获。

当一个人老了的时候，发现自己一生平平淡淡没有任何美丽的回忆和令自己感动的事情，那他的人生无疑是失败的。世界上有太多的人的一生是在碌碌无为平淡无奇中度过的，如果能在年轻的时候做一些可以改变这一点的事情，那你的人生将注定会精彩许多，也会快乐许多。

对见到的每一个人微笑，把快乐传递出去

最近，微信朋友圈几乎被微笑的图片刷屏，一张张或熟悉或陌生的笑脸展现在大家面前，嘟嘴微笑是可爱的笑，傻笑是萌萌的笑，迎着夕阳的侧面笑容让人感到这仿佛就叫望穿秋水……这是一项名为“微笑挑战”的活动，不少明星也加入了活动。“晒微笑”成了一种时尚。“微笑挑战”是利用网络和社交媒介发起的活动，传播微笑，被越来越多的网友推崇，微笑传递了温馨、阳光、快乐的正能量，在生活压力如此之大的今天，可以达到心理解压的效果。如今人与人之间似乎越来越冷漠，微笑传递可以增进人际关系，可以增进人与人的互动性。发起者称此次活动是想让所有人保持一个积极乐观的心态，微笑着面对每一天和每一个人。

著名诗人施皮特勒曾经说过：“微笑是具有多重意义的语言。”微笑是给人们最好的礼物，微笑更具有神奇的魔力。研究显示，喜欢展露自己笑容的人更容易赢取到他人信任，化解他人内心的坚冰。

某个战争中，战士冯源不幸被俘，被投进了监牢中的一个单间，第二天就要面临被处死的命运。他的精神完全跨了下来，恐惧占据了他全部的心。他双手不停地颤抖着伸向上衣口袋，极力点燃一支香烟来平复自己的心神不宁。

在黑暗的牢房中，在那微弱又明亮的灯光下，狱卒的目光和冯源的目光撞到了一起。冯源不由自主地咧开嘴，对他微笑了一下。连他自己也不知道为什么会对他微笑，不管怎么说，他毕竟对他笑了。这如同在两个冰冷的心之间，在两个灵魂中间撞出了火花，冯源的微笑对狱卒产生了影响。狱卒的嘴角开始不大自然地往上翘。狱卒直直地注视着冯源的眼睛，几秒钟后，狱卒脸上露出了自然的微笑。而冯源也一直保持着这种难得的微笑，此时他意识到对方不是一个士兵，一个敌人，而是一个人。

这时，狱卒也好像完全醒悟一样，从另一个角度来审视冯源，他的眼中流露出人性的光辉，探过头轻声问道："你有孩子吗？""有！"说着冯源用颤抖的双手从衣裳袋里掏出皮夹，拿出他与妻子、孩子的合影给对方看。这时对方也赶紧掏出他和家人的照片给冯源看，并说："出来两年了，非常想孩子，还要再熬上几个月，才能回家。"冯源听到这里，泪水止不住地往外涌，他对狱卒说："你的命可真好，希望你能平安回家，可我再也不能见到我的家人，我的孩子了……"他边说边痛苦地抚摸着自己的额头。狱卒的眼中充满了怜悯的目光。

忽然，他的眼睛亮起来，把食指贴在嘴唇上，示意冯源不要出声。他悄悄地在过道上巡视了一圈，又谨慎地跑了过来。掏出钥匙打开了牢门。此时冯源的心情万分紧张，紧紧地跟着狱卒走，一直走出监狱的后门，又走出了城。之后，狱卒一句话也没说，转身往回去了。冯源的生命就这样被一个微笑挽救了。

在生活中微笑可以很好地协调人与人之间的关系，在我们身边有来自不同地方的人，有着不同的宗教信仰，风俗习惯，语言文化……别因为语言的隔阂而害怕，即使没有共同的语言，只要一个发自内心的微笑，再远的距离也会瞬间拉近，令彼此倍感温暖。

微笑是全世界通用的语言，更是美好的代名词，它以自己特有的方式表达出许许多多美妙的内涵——宽容、关爱、热情、接纳……这便是它的力量。

霍尼兹决恩就职CKN公司时，公司还没有形成体系，管理杂乱无章。70年代，发生经济危机，面对即将崩溃的公司，他仍然微笑着乐观面对，大胆地为公司做了几项非常出色的决策，使公司顺利度过难关。后来，英国出现了工业衰退的先兆，但霍尼兹决恩仍乐观面对，最终公司平安无事，成为世界闻名的钢铁公司。

霍尼兹决恩一次又一次的成功，不仅仅是其能力的高低，更重要的是他的微笑，他把乐观向上的精神状态带给了整个公司，让整个公司有了足够的力量，以奋力进取的顽强生命力战胜了困难。

大量心理学研究发现，微笑不仅可以减压，还有助于人际关系的处理，能帮助我们迅速与他人打成一片，微笑是社交中一个强有力的法宝，可以让我们的婚姻更幸福美满，因为面带笑容的人生活满意度更高，心态更积极乐观，所以更能吸引到和自己有着同样良好生活态度的伴侣。微笑还能让人看起来很能干，从而获得上司的认可，使人生更易成功，从而过上无忧无虑的生活。

试着面带微笑，就能将快乐的力量掌握在自己手中。正如谚语所说：你笑，人人陪你笑。微笑的感染力极强。多跟爱笑的人在一起自己也会爱笑起来。即使笑不出来也要强迫自己笑，因为大笑时胸腹得以扩张，肌肉得到放松，可以促进血液循环，对健康有益。常常练习微笑，可以带来与发自内心的笑类似的积极效应。在镜子里看到自己微笑的表情，烦恼会烟消云散，开朗之情油然而生。

我们需要做的事情很简单，就是微笑，对遇到的每一个人给予一个甜甜的微笑，就可以把快乐带给对方，把快乐传递出去。

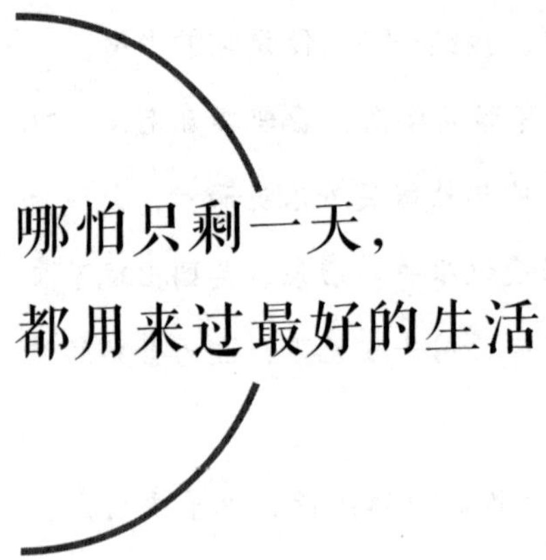

哪怕只剩一天，都用来过最好的生活

古罗马哲学家马可·奥勒留在《沉思录》中有这样一句名言：“道德的完美无缺，在于把每一天当作生命的最后一天来度过。”

乔布斯的“记住你即将死去”是他一生中信奉的最重要箴言。这句话为乔布斯指明了生命中重要的选择。因为几乎所有的事情，包括所有的荣誉、所有的骄傲、所有对难堪和失败的恐惧，在死亡面前都会消失。让人看到的是留下的真正重要的东西。“记住你即将死去”是避免患得患失的最好办法。你已经赤身裸体了，你没有理由不去跟随自己内心的声音。

《超级演说家》中崔永平的演讲《生命的最后一天》引起导师和观众的共鸣。

几天前我在准备这份讲稿的时候，看到了苹果创始人史蒂夫·乔布斯分享给大家的一句话，话是这么说的：“如果你把每一天都当做生命中的最后一天去生活的话，那么终有一天你会发现自己是正确的。”

我在想，如果可以，我非常希望那句话中的“终有一天”就是我生命的最后一天，在那一天，我会对自己说：“小伙子，你做得很棒，你做了正确且有意义的事。”

我不会因为没有孝顺父母而后悔。我的爸妈现在身体依然健康，笑口常开。因为我定期带他们去做身体检查，这么多年，从没间断。不管多忙，我每天都会给他们打电话，告诉他们我每天都做些什么，也听他们叨叨一天的琐碎之事。而且，我并不是逢年过节才回去看他们，只要我有时间，哪怕两天，只要够在家睡一宿，我都会回去看他们。我知道他们嘴上虽说这样多浪费钱啊，但心里是高兴的。

我不会因为没有珍惜爱人而后悔。我的爱人是我的初恋，我们在一起很多年了。她是个聪明的女人，如果不是她，我可能还是个穷小子，过着每天混饭吃的日子。她让我知道男人就得有担当，就得负责任。我可以坦坦荡荡地说，这么多年，我从没做过一件对不起她的事。不管你信不信，我们之间仍有爱情。

我不会因为没有爱护子女而后悔。我的孩子可能成绩不是最好的，却是最懂事的孩子，不用我督促也会自觉做家庭作业，周末的时候还会帮忙做家务。会在生日的时候许愿爸爸妈妈身体健康，永远幸福。他笑起来的时候，会让我觉得整个世界阳光灿烂，调皮的时候，也会唱我的歌：“我不是一个神经病，别把我当成一个神经病。”

我也不会有遗憾，我的朋友们都对我很好，我曾经多次捐赠衣物给需要这些的人，我想去的地方我都去过，我享受过美食，我每天都读书，我的身体因为每天锻炼所以很棒，我的工作还不错，也有点积蓄，虽然已经不重要了。

我只是一个平凡得不能再平凡的小人物，我刚才所说的一切的一切，都是我对生活最美好的幻想，我今年只有28岁我有太多太多的事情没有去做，我梦想着能像小志老师那样有一张不老的容颜，可是28岁的我却长了一张40岁的脸；我梦想着能像李咏老师那样有哈文那样的老婆，可现在我还睡着单人床；我知道鲁豫老师聆听过3000人的故事，我多么想成那3000人中的某一个，可我现在都没那个资格；我梦想着比乐嘉老师的名气影响力还要大，可是我看到乐嘉老师的微博粉丝量是三千四百万，可我的微博粉丝量只有962个。

我非常庆幸我今年只有28岁，我还有很多时间去创造我美好的未来，创造美好未来的唯一方法就是把每一天都当做生命中最后一天去生活。如果可以，我想在生命的最后一天做场演讲，听完之后有人会跟我说：“小伙子，你做得

很棒，你做了正确且有意义的事。”我会很高兴。谢谢大家！

普吉岛上那梦幻般的天然海湾，浓郁的热带风情，撩人心弦令人迷醉，是世人眼中的“人间天堂”。2004年12月26日，大海一改往日温情脉脉的容颜，骤然掀起了滔天巨浪，变得狰狞恐怖，淹没道路、冲垮房屋、洗劫家园、夺走生命，刹那间“天堂”变成了“地狱”。

一位男游客被海啸的第一波浪头赶到旅馆的二楼，他发现大海正在酝酿更大的灾难，自己已是在劫难逃。他想起平日里因为生意而东奔西跑，给家人的爱、关注和照顾太少太少，他赶忙给太太发了个短信说：“亲爱的，我永远爱你。可我真的很后悔，以前没有给你和孩子更多的关爱，我欠你们的太多。如果时间能够倒转，生命能够重来……”没有把更多的关爱和时间奉献给自己的家人，让他感觉留下了无法弥补的遗憾。

我们为何一定要等到失去它才知后悔，为何不能在拥有时去珍惜它，掌握它，享受它?为什么不能将今天当成生命中的最后一天来过？生存和死亡只是一瞬之间。我们虽然不能决定自己生命的长度，但是可以决定自己生命的深度和广度。

将每天都当作生命之中最后一天来过，就会有一种紧迫感和危机感，就会惜时如命，就会渴望将那些最重要的事、最有意义的事优先办好，就会将该做的每一件事都必须做好，就会不再明日复明日，明日何其多，就会珍惜爱人，家人，感恩帮助过自己的人。

励志故事中那些顶尖的成功人士在面对生命中的最后一天时，坦然安详，无怨无悔。因为他们能够珍惜自己生命中的每一天、每一分、每一秒，有明确的使命和目标，而且为实现自己的使命和目标竭尽了全力。

能经营好生命中的每一个今天，就能经营好我们的一生。因为这种珍视时间的意识，一旦渗透到我们的思想和生活当中，就会成为我们思想、生活的一部分，成为一种习惯进而影响我们的行为。能够增加我们生命的价值和人生的意义。

如果你的生命只剩下二十四个小时，你会怎样度过呢?

尝试写一份遗嘱，你会豁达很多

电影《非诚勿扰2》中的“人生告别会”令人印象深刻，孙红雷扮演的李香山得知自己患上绝症后，为了有尊严地死去，在其尚在人世时，搞了一场模仿葬礼的告别会。请他的亲友上台发言，李香山坐在台下倾听，最后为自己的一生做出“爱过，颓过，活过”的总结。

受到电影的启发，网友们纷纷效仿。有网友在土豆网上直播了他模拟的人生告别会。在面对“死亡”来临的时刻，接受了最好的朋友的鞠躬，大家用一种幽默的方式对其告别。“感谢各位装点陪衬了我的一生，今天又送了我一程。”虽然这段场景短简单的视频中，不断有人笑场，但仍有网友深受打动，留言道，“人生告别会，让我们对生命的逝去和重生，有了无尽的思考。”

下面是一位青年女律师给自己写的一份遗嘱。

如果今天我走了，真遗憾只能给亲人留下为数不多的财产，更遗憾我没有

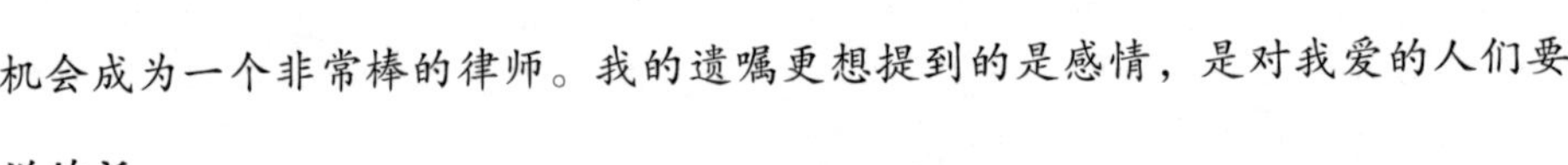

机会成为一个非常棒的律师。我的遗嘱更想提到的是感情，是对我爱的人们要说的话。

我的丈夫，如果今天我走了，不能陪你一起到老，将是我最大的遗憾。我幸运地找到了能陪我共度一生的你，幸运地多了一对疼爱我的父母，让我在陌生的城市找到了家的感觉。我们一起吃饭，一起睡觉，一起旅行……遗憾的是我现在要走了，请你千万不要太难过，你还得走你自己的路。

杨绛先生在写《我们仨》的时候，写到那早于他去世的女儿，表达了父母对于子女离世深深的伤痛。如果今天我走了，让父母亲白发人送黑发人，我得多么遗憾！我多想再陪你们一些年，多想在你们有生之年多为你们尽孝。尽管对你们的养老费用我已做了安排，可还是会担心你们会被这个消息打倒，让后半生都陷在悲痛里不能自拔，请你们答应我，一定要坚强。

我的好朋友们，社会中只有你们，无论我贫困还是富贵都会爱我，你们是我后天认来的姐妹。本来还希望常去逗你们的孩子，讨小家伙欢心呢，已是不能实现的愿望。我们一直都彼此帮助彼此鼓励，度过了一个又一个难关，我只希望你们一定要幸福。

最后，我想请求你们把我能用的器官捐献出去，然后将我的身体焚烧后撒入大海回归大自然，你们知道我是喜欢海的。我不希望你们为了纪念我而将我埋入地下，那里有小虫子和无边的黑暗。

其实，死亡一点都不遥远，我们每个人都有一天会走到人生的尽头，形式无非是突然的、还是自然的而已。自己给自己写一份遗嘱就会让我们豁达许多，就会让我们更能看清自己。那是我们在和临终的自己交流，在拷问自己的生命还有哪些遗憾，在筛选自己临终的一刻最重视的是什么。

把每一天都当成最后一天来过，问问自己，什么是最重要的。你最想得到的是什么。如果明天不再醒来了，那么你能给生命中出现过的人留下些什么？这时也许你就会明白长久以来困扰你的忧虑，你会放弃一些萦绕于心的念头，你会调整以后生活的重心与航线，你会更清晰地看到自己心里真正的渴求。

生与死都是一种自然规律，我们都应顺应自然。这冥冥中预知的冲动与感伤，加紧了自己追梦的步伐，好赶上那些苦苦寻觅的阑珊，同时正是因为有了这场知晓结局的戏，才让人更想以一种从容的心态，放慢自己胡乱追逐的脚步，慢慢地走，慢慢地欣赏，因为，我们是地球的匆匆过客，没有返程机票，千万不要浪费青春年华，人生的真谛是享受，所以要好好把握。

每个人一生中，都曾经有过一个依照真性情生活的时代，那便是童年。孩子是天真烂漫，不肯拘束自己的。他活着整个儿的意义就是在享受生命，随着年龄增长，涉世渐深，俗虑和束缚愈来愈多，原本纯真的孩子便被改造成了俗物。

倘若没有一种成年人的智慧及时来补救，几乎不可避免地会失掉童心。所谓大人先生者不失赤子之心，正说明智慧是童心的守护神。凡童心不灭的人，必定对人生有着相当的彻悟。所谓彻悟，就是要把生死的道理想明白。袁中郎责问得好："天下皆知生死，然未有一人信生之必死者……趋名骛利，唯曰不足，头白面焦，如虑铜铁之不坚，信有死者，当如是耶？"

名利的追求是无止境的，在这终身的驰逐中，人们不再有工夫做自己真正感兴趣的事，接着连属于自己的真兴趣也没有了，那颗以享受生命为最大快乐的童心也就这样被丢失得无影无踪了。

一个人如果真正想明白了生之必死的道理，他就不会如此看重和孜孜追逐那些到头来一场空的虚名浮利了。把有限的生命耗费在这些事情上，牺牲了对生命本身的享受，实在是很愚蠢的。人生有许多出于自然的享受，例如对爱情、对友谊、对大自然、对艺术创造等等的享受，其快乐远非虚名浮利可比，而享受它们也并不需要太多的物质条件。在明白了这些道理以后，他就会和世俗拉开距离，借此保存自己的真性情。而一个人只要依照真性情生活，就自然会努力去享受生命本身的种种快乐。“人生不得行胸臆，纵年百岁犹为天。”就是这个意思。

一个人彻悟了生死的道理，他会获得一种认识：生命的密度要比生命的长度更值得追求。热爱生命，从终极的眼光看，寿命是无尽的，无论长寿短寿，死后都归于虚无，只有享受生活的幸福才是最真实的。

CHAPTER

eight

第八章

你不理财，财不理你

养老规划越早开始越好

当我们还有能力为生活奔波劳碌的时候，也许谁也没有想过自己20年甚至30年之后的生活会是什么样子。然而时光荏苒，任何人都摆脱不了“衰老”这个千古不变的自然规律。

有人曾经将养老比作是登山，60岁是山顶。爬得越早，越容易爬上去。如果从20~25岁开始爬，每天只需要爬几个台阶就可以了。如果从50~55岁开始爬，每天需要爬几十个台阶。人生不同阶段面临不同的理财需求和理财目标，而养老规划是人生理财规划中最重要的一部分，在理财规划中排在首位，是每个人都要面对和必须要考虑的事情。退休后能够过富裕、有尊严的生活，无忧无虑的享受晚年的金色时光，需要我们未雨绸缪，尽早开始养老规划。

国家层面日益重视老年人的养老问题，并屡屡出台政策对老年人生活提供支持，农民、农民工的养老问题也正在研讨之中，但仅靠社保并不能保证老年人的生活质量。

根据今天生活水平进行粗略测算，以20~30年后退休为标准，到那个时候，我们一个人所需的养老金平均要在200万元左右。看到这个巨大的数字，估计很多人都会表示质疑，然而事实上，如果我们希望自己的晚年生活有尊严、有品质，这个数字还仅仅是个开始。

我们可以算一笔账，假如你今年40岁，60岁开始退休养老。你目前的生活费用是3000/月（膳食、水电、物业、交通、通信），按3%的通胀计算，到60岁退休时为5418元/月。一年就要花费：5418元×12=6.5万元，退休后假设生活20年到80岁，那么一共需要养老金：6.5万元×20=130万，也就是说在60岁要有130万才能保证拥有现在每月3000元的生活品质。养老金是一笔庞大的费用，可以和我们的房款不相上下。如果再加上旅游、上老年大学、个人爱好、服装等等的费用更是不敢想象。

可当今社会，“养儿防老”显然早已不在考虑之内。经过了那么多，很多人在心中或许早已建立起了一种想法，那就是“等孩子们长大了，能真正独立生活我们就应该谢天谢地了，哪里还能指望他们来养我们？”如今社会的各种制度改革，以及子女生活压力的剧增，让我们明白依靠子女来养老是不现实的。

那么，面对如此巨额的养老金缺口，我们该靠谁？

对于这个问题，经济学家早就给出了答案：“年轻人应该趁着现在赚钱多，尽早为自己购买保险。像美国等发达国家每位市民身上都有十几张保单，年老时仅靠保险金收入就能维持很高的生活质量。”经济学家认为，年轻人可以拿出剩余资金的1/3来购买保险，并且要附带购买医疗险，这样可以为自己增添充分的保障，并且能够让自己的老年生活衣食无忧。

我们应该改变那些老旧的观念，认识到真正有品质的老年生活还是要靠自己。所以，我们应该趁着年轻早做规划，这样在年老时就不用担心养老问题了。年老时有了生活保障，不但可以给自己带来“夕阳无限好”的惬意生活，还可以帮助子女减轻生活的负担。

也许很多人会问：我们才二三十岁，这个时候就考虑养老的问题是不是有

点早？其实，这是一个几乎人人都会有的误区，事实上，从现在开始实施自己的“养老计划”是非常有必要的。

以一个人60岁退休，需要100万元养老金为例，如果我们从22岁就开始准备，每个月只需要拿出338元就可以实现；而如果等到50岁才开始考虑的话，每个月则需要投入5466元才能满足。这个数字，甚至是绝大部分人投入全部收入也无法满足的，那么可想而知，到了那时，我们的生活质量就会受到很大的影响，更有可能导致“入不敷出”。

为何同样的目标，选在不同时间开始实施，会造成这么大的差异呢？毫无疑问，这就是“复利”的巨大魅力所在。爱因斯坦认为，复利是世界第八大奇迹。它的计算方法是：将本金以及其产生的利息一并计算，也就是利上还有利。当一笔存款或者投资获得回报后，我们可以有时间再连本带利地进行另一轮新的投资。所以，越早开始，需要付出的金额就越少，对生活的影响自然也越少。

尽管没有人能预知自己生命的长度，也没有人能想象出三十年后的社会究竟能进步到什么阶段，但只要我们明白，将来生活的精彩程度，完全取决于现在这个道理，并愿意为此而努力，那么我们人生的后半程也将是无比幸福的。

如果退休是每个人的人生都必须面对的相同结果，那么“养老”自然也成为我们每个人不得不面对的现实问题。与其等到真的老了再去考虑，不如现在就开始未雨绸缪，趁自己年轻时早作打算，将自己的养老问题平摊在人生的每一年中，这样才能彻底扫去后顾之忧，让自己退休后的生活如诗如画，美不胜收。

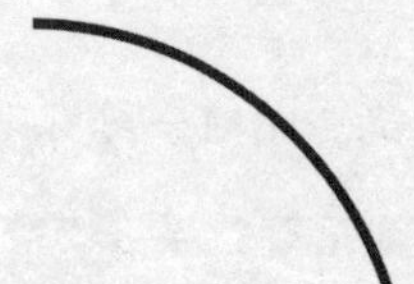

年轻最好的理财方式是“投资自己”

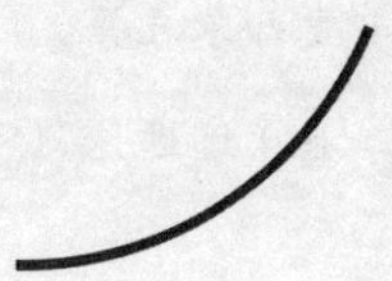

按月领工资的工薪族们每个月就盼望发工资的那天，但是拿着到手的工资一还信用卡后，那令人毛骨悚然的感觉终于来了：余额不足。如果不想一直当月光族，你就得开始理财了。总是攒不下钱？不知道从何下手？其实人的一生中理财是由两个部分组成的，一是金融资产，二是人力资产。相比于投资金融存在的风险，我们完全可以选择在书海中提升自己的本领，丰富自己的知识，武装自己的大脑。

投资自己其实就是投资未来，制订一个朝着自己目标努力的学习方案，并有效地将所学付诸实践，那么你自身的价值就会不断增值。假设你把自己当作企业来经营的话，那么你要做的就是不断提升你自己的品牌，优化你的产品（你自己），让你能够给更多的人带来价值，当越多的人需要你的时候，你仍不断学习，努力让更多的人离不开你，那么你的价值就更加突出了。

曾在北京椿树医院做护士的吴士宏，没有任何高深背景，也未受过正规的高等教育。她获得自学英语大专文凭后，通过外企服务公司进入IBM公司，虽然是从沏茶倒水、打扫卫生的小角色做起，但是她凭借着自己坚忍不拔的意志和精神，不断地投资自己，给自己增加了竞争的资本。

她在自己的自传里谈到过，她人生的转折点是因为一次考试。IBM公司有一个计算机资格考试，说谁能通过这个考试，就可以到香港参加培训。吴士宏下定决心，要参加这个考试，但她当时并不具备考试资格，于是她越级跑到人事部经理处多次要求，希望能给她一个机会，如果考试通不过，她心甘情愿。由于她是越级要求参加考试，所以引起了上司的不满。但是吴士宏却不在乎，她用行动证明了自己的能力，在考试的时候将那些名牌大学的毕业生远远地甩在了后面，获得了去香港培训的机会。

香港培训的经历让吴士宏回来后，直接成为了公司的销售员，干了五年。五年内，她的业绩非凡，终于出任了IBM华南分公司总经理，被同行称为“南天王”。1997年，她升职任IBM中国销售总经理。此间“微软”用半年时间开始说服她，于是她辞职到了微软出任中国公司总经理。吴士宏在微软仅仅用7个月的时间就完成了全年销售额的130%。

面对这个竞争的社会，终身学习是一件很有必要的事情，单身一族们要学会投资自己，在空闲时间学习更多知识，丰富自己的阅历，积极掌握新的技能，让自己变得更加优秀，也为将来能取得更大发展打下基础。

在年轻的时候不断地投资自己，不断努力，不断超越自我，对今后的事业发展和财富积累有着多么重要的意义。所以最好的选择，就是把我们的钱安安稳稳地放在那里，别去想什么理财之类的事情。在我们年轻的时候，能够掌握的那一点点资金，根本不值得浪费时间去“理财”。最需要“理”的“财”，是自己的知识和能力。

陈海洋大学毕业留沪成为了一名政府机关工作人员，在外地工作的父母爽快地拿出20万元给他做未来结婚使用。因为他近期还没有结婚的打算，所以决定做一些投资，陈海洋看准学校附近租房市场火热，就投资买了一套两居室的二手房，租金收入相当可观。但是，事情并没有想象中顺利，先是第一对租房者提出要增配洗衣机、电冰箱，看在租金较高的份上，陈海洋增加了投入，结果这两个租房者住了两个月就搬走了。第二对租房的大学生搬来后常常彻夜狂欢、打牌喝酒，邻居不堪其扰，居委会找他谈了两次话。第三对租房者看起来老实，却将房子作为堆放伪劣产品的仓库，结果陈海洋也被牵连叫去警局问话。这给他的工作也带来了很大的困扰，多次请假，出入警局，让机关领导十分反感，对刚刚踏上工作岗位的陈海洋来讲实在糟糕。

不是每个人都适合做那些收益高的投资产品，特别对于陈海洋这类单身在沪的上班族，没有家人可以分担事务，管理房产上要消耗较多的精力，甚至占用上班时间。陈海洋不仅没有时间来提升自己的业务能力和水平，还引起了领导的反感，无疑会影响在机关工作的他的前途发展。这样的理财实在是不可取。

所以对于年轻人来说，与其耗费较大的精力在这样的理财上，不如花费点时间和精力提高自己的竞争力，多读点书，多向前辈学习一点，多在业务上钻研一些，获得的加薪，报酬率不见得比投资金融产品来得少。

投资自己并不仅仅局限于“脑力充电”和钻研业务上。我们可以投资自己的内容还很多。比如，在工作之余，多花点时间在健身锻炼上。现在的白领，大多数因为工作压力大，空闲时间少，一有空闲时间就是睡大觉，总是处于“亚健康”的状态。因此多给自己一点时间，投入在健身锻炼上，一来可以提高自己的身体素质，让自己有更好的体魄去迎接工作中的挑战，身体是革命的本钱啊；二来还可以减少目前乃至将来在医疗和保健品上的支出，这笔花销可不是个小数目。从这个意义上看，投资健康，积极健身不也是另外一个角度上的理财吗？

还不懂互联网理财那就out了

2013年，随着互联网金融的走红，互联网理财也逐渐成为一种新的理财趋势。这一年金融市场最大的变化就是互联网公司也开始忙活着“金融圈地”了。在互联网金融百花争艳的年代，如果你不搞一点网络理财，就真的有点out了。但是对于很多人来说，即使理财意识积极，但落实到行动还是犯嘀咕，主要就是因为缺乏网络理财经验。

2013年6月的一天，有种叫“余额宝”的增值功能悄然在支付宝页面上出现，这是支付宝与天弘基金合作，以余额宝为平台实现天弘基金旗下天弘增利宝货币基金的销售。“马云卖基金了？”“怎么是和天弘基金合作？”……一系列疑问从业界人士中涌现。而另一方面，对于经常使用支付宝完成交易的淘宝达人林佳如而言，余额宝的出现，令她新奇与怀疑并存，她最常问周围朋友的一句话就是：“这干嘛的？靠谱吗？”

起初佳如只是试探性地往余额宝里存了50元，心想即使被骗了，损失也是可以承受的。那会网上对它的质疑还是挺多的，她心里也没底。大概过了一个月的时间，佳如发现每天小数点后的数字都在增加，而本身产品也没有被叫停，所以又存了500元进去。又过了一段时间，越来越觉得对现有收益不满足，然后又追加了3万多，现在累计收益都400多元了，佳如觉得网络理财真的挺好的，闲钱能增值不说，还省去了去银行的麻烦，毕竟可以通过网络银行随时操控自己的钱。

事实上，在“余额宝”出现的短短几个月时间里，受益的不止林佳如一个人，余额宝已经累计给它的用户带去超过10亿元的收益。

巨大的“诱惑”面前，互联网企业、传统基金机构都按捺不住了。定期宝、活期宝、现金宝、收益宝等类似产品不断涌现。它们以各自所绑定基金的高额收益、托管费手续费的优惠、快速取现赎回等方面的优势，作为吸引互联网用户选择自己的法宝。

互联网金融近几年发展迅猛，越来越多的个人和机构将投资方向由银行、债券、基金等转入互联网金融做投资理财的意向也更加明显。然而，互联网金融内在的不稳定性和不确定性，导致很多投资者在选择金融平台时困惑重重。尤其对于互联网投资新手而言，选择一家可靠，安全的互联网金融投资平台尤为重要。因此，当我们选择互联网理财时应注意以下几点：

1、金融理财平台的资金安全性

平台有没有第三方做支付资金托管，是考核一个网络金融平台安全性的一个重要指标。（资金托管的含义就是资金流运行在第三方托管公司，而不经过平台的银行账户。从而避免平台因为经营不善导致挪用交易资金而给交易双方带来风险。）以金汇理财平台为例，由证联融通为其从事互联网支付的第三方服务机构。

同时还要考查是否具备专业担保公司做连带责任担保。

2、平台的信誉

看三证：那些跑路的互联网金融投资平台大都“三证”信息不健全或存在虚假，所以，在挑选平台上，“三证”信息和平台介绍是网站最最基础的资料。投资者选择投资平台时，应该去查看企业在工商行政管理局的注册信息，营业执照、法人代表、注册资金、成立时间，机构信用代码、组织机构代码，税务登记证等，通过一切平台可提供的资料来辨别平台的真实性。

看网站：欺诈网站都是通过新注册的域名进行一次性行骗，有的域名甚至还未进行ICP备案。网站的信息也不完整：公司地址、联系方式模糊、资质信息不完整或者虚假，经营范围不明确。

3.平台利率高低

现在新起的金融平台的利率一般都比较高，“白银理财、现金理财，每日分红，投资回报率超过20%，有的甚至高达100%，夸大回报吸引网民，无外乎就是希望通过高回报来吸引投资者，这或许能够在短时间内让网站迅速达到收集人气的效果。

例如，2014年4月，深圳一家互联网P2P理财平台突然关闭，相关责任人跑路，导致投资人损失。据公开信息显示，推出的各项理财项目年化利率为18%～24%，并表示提供本息保障。其担保公司经查为子虚乌有。

投资者关注互联网金融产品实际收益率是否达到预期收益率水平，应警惕互联网金融公司夸大预期收益率的情形，可以参照其产品历史数据，看其实际兑付情况。

4.平台运营者的经验、实力和团队情况等

通过考查平台领导者的从业经验、经营能力是否能规避经营风险这一点，可以确定此平台在投资方面的安全系数的高低。“专业的事情交给专业的人去做”，对于投资理财，广大市民理财知识有限，很多理财常识和理财技巧都不足以应付现在的理财方式，因此，在挑选互联网投资理财平台时，更应该看重理财团队的专业性。

现在各种互联网理财越来越热，传统的银行理财受到了强烈的冲击，但是仍有很多投资者，尤其是老年投资者并不愿意采用互联网理财的方式，他们或担心安全问题，或担心自己的互联网知识不够，这两点成为大多数中老年人拒绝互联网理财的关键。

随着电商的不断发展，现在已经有很多中老年人开始在淘宝购物，也有

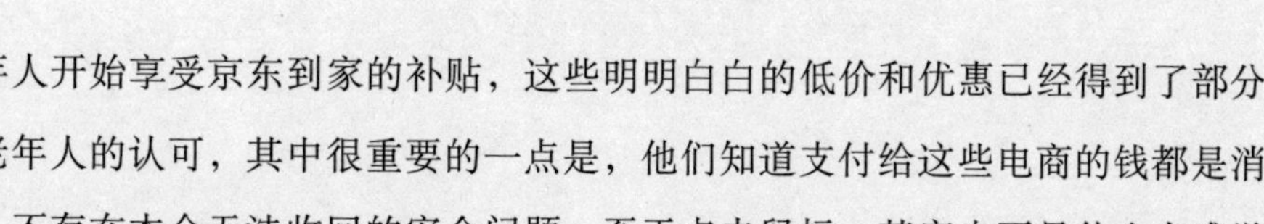

老年人开始享受京东到家的补贴，这些明明白白的低价和优惠已经得到了部分中老年人的认可，其中很重要的一点是，他们知道支付给这些电商的钱都是消费，不存在本金无法收回的安全问题。至于点击鼠标，其实也不是什么太难学的技术，从理论上讲，绝对比广场舞好学。

那么问题来了，中老年人为什么不喜欢用互联网理财呢？因为他们担心自己的钱没了。钱没了有三种可能：

第一，老年人的历史习惯问题，老人家总是喜欢把钱存入银行后拿到存折的感觉，没有纸质凭证总是让老人家感到不安心，这恰恰是互联网所欠缺的。

第二，网络技术的安全问题，老人家听了太多诈骗案例，害怕自己的钱可能会被电脑后面的骗子掠夺，哪怕是一百万分之一的风险，老人家也不愿意承担。目前看，这一点已经成为阻碍老年人使用互联网理财的最大障碍。

第三，老年人担心网上理财可能风险更大，事实并非如此，互联网的理财风险并不会因为处于互联网上就有更高的风险。例如余额宝等互联网货币基金，并不会因为在网上交易而比银行销售的货币基金风险更大。相反，互联网基金还会因为销售成本更低而收益略高于银行销售的货币基金。对于民间借贷项目，线下叫信托或者固定收益理财，互联网上叫P2P，两者的实质都是老百姓最终把钱借给其他个人或者企业，但是线下的信托公司或者理财机构要从中提成。据了解，投资者能够得到的收益大约为12%，借款人需要付出的成本大约为24%。

但是在P2P上，因为竞争剧烈的原因，投资者不仅能够拿到借款人给出的全部利息，往往还能得到平台的贴息。例如笔者曾在某平台申请了助学贷款，享受免息分12期还款的优惠，但是借款方却能获得年化13%的收益，平台介绍，这13%的收益是由平台贴息的。

很明显，同样的产品、同样的风险下，投资者通过互联网理财将能够获得更高的收益率，互联网并不会给理财产品或者信托增加更多的风险，故笔者建议投资者，理财也要有互联网思维，老年人要多向年轻人学习互联网知识，这样才能获得更高的风险收益。

理财，贵在持之以恒

理财不应是一时的冲动，而是一个中长期的规划，需要的是正确的心态和理性的选择，然后就是坚持，再坚持。理财应成为一种习惯，习惯是一种持续性的行为。市场上可供选择的理财工具越来越多，我们要做的，就是坚持风险和收益相对应的理财原则，去选择相应的理财产品或者组合，不断地重复和坚持，让理财成为生活中必不可少的一部分。

成功的理财与赚取多少金钱没有直接的关系，关键看支出、资产配置和资产管理。管好手中的资产，别因为懒得管理让它们白白浪费了时间价值，如果能因此而获得更高的收益，何乐而不为呢？

刘丹今年已经30岁了，她从大学毕业后就去了一家外企做职员。一干就是好几年，不但生活质量没有大的改善，而且银行存款也没有多少。她经常向朋友抱怨，自己辛辛苦苦一辈子可能连个养老钱最后也攒不下。她甚至有了不想再工作的念头，她想即使不工作也不会饿死，反正都是攒不下钱来，何必受这份罪呢。

在她准备辞职的前一天晚上，朋友请她去喝咖啡。咖啡是25.3元一杯，朋友付完账以后将收银员找回来的0.7元零钱放进了口袋里。刘丹有些诧异地问朋友，“以你每个月的工资还会在乎这0.7元钱？”朋友笑了一下，说道：“苍蝇再小也是肉啊。我现在靠攒零钱每年可以攒2万呢。”刘丹不信，“这怎么可能？”朋友又说道：“我记得你每天都要喝一杯25块钱的拿铁，一年你光喝拿铁就得花费9125元，而如果你不喝这杯，每天就能节省下来这25元，每月用来定投，假设投资年回报率是8%，看看结果你会吓一跳，30年后每天一杯的钱会变成112.5万元的巨款。”

我们都知道做事需要讲究持之以恒，却不知道理财其实也需要做到持之以恒。理财和做事一样，只有在不断的坚持中才能取得最终的结果。如果半途而废的话，不但得不到一个好的结果，而且还会耗费大量的人力、财力以及精力。不过也有很多人说，我只要坚持赚钱就好了，理财要什么坚持？

理财专家认为，只有用持之以恒的毅力与决心去坚持才能做到真正的理财。人在没有钱的时候，都认为理财离自己非常的遥远，就自己那点钱根本谈不上理财。其实不然，理财需要从攒钱开始。很多人之所以做不好理财是因为他们都抱着零钱不值得积攒的观念，然后不断地陷入一有零钱就花掉的没钱循环中。

理财不是投机，不是赌博，理财是细水长流，理财需要坚持。你要慢慢变富，因为变富是一个过程。理财专家说，没有人愿意把变富当成过程看，大家都希望能一夜暴富，但很显然，这根本不切实际。所以我们还是要塌实，要耐心地把变富当成一个过程，慢慢做。

明朗与费文是同一届的毕业生，他们的关系非常的要好。在上大学的时候两人就成了无话不谈的好朋友，大学毕业后，他们一起进了同一家企业上班。

十多年过去了，两人的关系始终保持着，谁也没有换其他的工作。

看似相同的两个人其实并不相同。在一次聚会时，明朗嬉笑着问费文，“你这家伙平时也不见你怎么玩，估计现在也存了不少钱了吧。”明朗只是开玩笑地问了一句，其实他并没有觉得费文能比自己富到哪里去，毕竟一起工作这么久了，谁不知道谁啊。

费文哈哈一笑说道：“我现在的存款肯定是你的3倍，你再不抓紧点就赶不上我了。”费文虽然表面嘻嘻哈哈，其实也是有意提醒这个朝夕相处的伙伴，不能再这么玩下去了。

明朗非常吃惊，以他对费文的了解这绝对不单单是玩笑话。问明白缘由后，明朗突然感觉自己真的比起这个伙伴差的太远了。原来费文从毕业开始就做起了理财，每月都在银行定投，而且还经常买一些风险相对比较低的理财产品，一坚持就是十年。说比自己多3倍都是保守估计。

现在的大多数人都感觉到了生活成本与自身的收入不成正比，微薄的收入使得理财成为了大家关心的话题，那么到底如何理财才能让收益达到最高呢？

益德国际私人理财顾问事务所贵宾理财顾问韩帅就“到底年轻人该用什么样的心态来对待理财呢？”做出表示，年轻人由于收入不高但是生活成本不低，对于理财往往会觉得难度很大，甚至想等到工作更稳定有了一定积蓄才去理财。

“其实理财不是一夜暴富，它需要持之以恒才能达到预期的效果，而且一定要尽早开始。”韩帅说，“早理财早受益这绝对是理财的金科玉律。”他建议年轻人在理财的前期，不应该以投资获利为重点，而是以积累资金和经验为主，同时多学习理财知识，提高投资理财能力，积累实战经验。

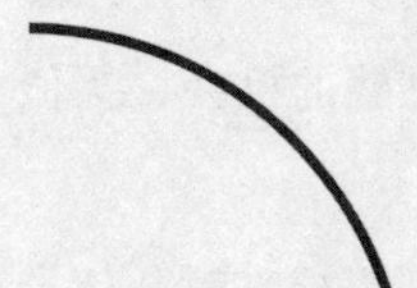

债券，长期投资的好工具

尽管我国债券市场已经有了国债、政策性金融债、企业债、可转债、公司债、企业短期融资券、中期票据等多个品种，但仍然有许多个人投资者对债券投资认识不清。许多投资者误以为个人只能购买国债，并且以为只有银行柜台才是购买债券的唯一通道。实际上，个人在债券投资上也有许多选择。

个人买债三大渠道：交易所、银行柜台、委托理财。

交易所：企业债、可转债等多种选择。适合那些追求高收益的人群，选择范围广，而且收益率远高于银行定存，安全性非常好，还不用交利息税。

银行柜台：储蓄式国债。适合对于那些对流动性要求不高、但力求本金安全的投资者，带着身份证到就近四大商行办理证券交易卡就可以买到该行柜台交易挂牌的部分无纸化记帐式国债了。

委托理财：债券基金与固定收益产品。除了国债和金融债外，几乎所有债市品种都在银行间债券市场流通，包括次级债、企业短期融资券、商业银行普通金融债和外币债券等。这些品种普遍具有较高的收益，但个人投资者尚无法直接投资。虽然收益率没有企业债高，但是相对而言风险也比企业债低很多，适合长期投资。

债券投资的安全性是我们长期理财的好工具，但是再稳定的投资都会有风险。债券的价格也会有波动，有波动就有风险。买债券暂时没有风险，那是因为中国债券市场从未发生到期无法兑付的违约事件。有风险其实是好事，风险并不等于赔钱。是风险导致了价格波动，价格波动中蕴藏着赚钱的机会，买债券想赚钱，首先要掌握好风险。

1.利率风险：利率是影响债券价格的重要因素之一，当利率提高时，债券的价格就降低，此时便存在风险。应采取的防范措施是分散债券的期限，长短期配合。如果利率上升，短期投资可以迅速地找到高收益投资机会，若利率下降，长期债券却能保持高收益。

2.经营风险：经营风险是指发行债券的单位管理与决策人员在其经营管理过程中发生失误，导致资产减少而使债券投资者遭受损失。为了防范经营风险，选择债券时一定要对公司进行调查，通过对其报表进行分析，了解其盈利能力和偿债能力、信誉等。由于国债的投资风险极小，而公司债券的利率较高但投资风险较大，所以，需要在收益和风险之间做出权衡。

3.再投资风险：购买短期债券，而没有购买长期债券，会有再投资风险。例如，长期债券利率为14%，短期债券利率13%，为减少利率风险而购买短期债券。但在短期债券到期收回现金时，如果利率降低到10%，就不容易找到高于10%的投资机会，还不如当期投资于长期债券，仍可以获得14%的收益，归根到底，再投资风险还是一个利率风险问题。对于再投资风险，应采取的防范措施是分散债券的期限，长短期配合，如果利率上升，短期投资可迅速找到高收益投资机会，若利率下降，长期债券却能保持高收益。也就是说，要分散投资，以分散风险，并使一些风险能够相互抵消。

4.违约风险：发行债券的公司不能按时支付债券利息或偿还本金，而给债券投资者带来的损失。违约风险一般是由于发行债券的公司经营状况不佳或信誉不高带来的风险，所以在选择债券时，一定要仔细了解公司的情况，包括公司的经营状况和公司的以往债券支付情况，尽量避免投资经营状况不佳或信誉不好的公司债券，在持有债券期间，应尽可能对公司经营状况进行了解，以便及时做出卖出债券的抉择。同时，由于国债的投资风险较低，保守的投资者应尽量选择投资风险低的国债。

基金定投有窍门

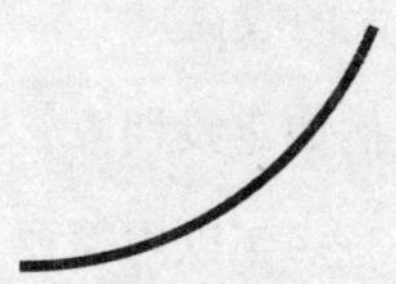

基金定投有懒人理财之称，价值缘于华尔街流传的一句话：“要在市场中准确地踩点入市，比在空中接住一把飞刀更难。”如果采取分批买入法，就克服了只选择一个时点进行买进和沽出的缺陷，可以均衡成本，使自己在投资中立于不败之地，即定投法。

基金定投有点类似于银行零存整取，不但收益比银行利息更高，而且灵活性也不差。它能积少成多，平摊投资成本，降低整体风险，是一种长期储蓄的好方法。它有自动逢低加码，逢高减码的功能，无论市场价格如何变化总能获得一个比较低的平均成本，因此定期定额投资可抹平基金净值的高峰和低谷，消除市场的波动性。只要选择的基金有整体增长，投资人就会获得一个相对平均的收益，不必再为入市的择时问题而苦恼。

摩根基金理财师表示，基金投资是为了在保证现有生活质量的前提下，借助投资获利得到更优质的生活。因此建议基民最好先分析自己每月的收支情况，计算出能省下来的闲置资金，再用这部分资金进行基金定投，300元、500

元或1000元都可以。

很多投资人对基金定投的了解是：每月定时定量地买基金，但面对几百只基金，如何开始着手呢？

1.在资金充足的情况下，为达成既定理财目标，应结合投资期限确定每月投资额。以筹集40万元子女留学基金为例，在既定的理财目标下，如果计划用于投资的期限不长，就必须提高每月投资额，同时降低投资风险，以稳健型基金投资为宜；如果投资期间拉长，那么投资人每月所需投资金额就可以降低，相应可以将可承受的投资风险提高，以使投资金额获取更大的收益。

2.选择合适的基金品种。影响定投基金品种的因素很多，例如定投期限、投资人风险承受能力等。对于定投期限而言，如果定投资金在3～5年以内需要使用的话，建议选择股票仓位较低的混合型基金，例如华夏回报基金，而回避风险较高的指数型基金和股票型基金；反之，如果基金定投规划的时间很长，例如十年或者更长时间后的子女教育、养老等等，则可以大胆地定投优质股票型基金，例如华夏行业基金等。投资者自身的风险承受能力也是重要考虑因素，定投并非适合任何人群。年轻人承受风险能力较强，可以选择定投股票型基金；而中年人因为承担较多家庭责任，定投偏股型、平衡型基金较为妥当，对于退休的老年人，定投应当多配置债券型基金。

3.制订定投计划而不是修正定投计划。俗话说，正确做事比把事做正确更重要。投资者在进行基金产品投资时，制订投资计划是非常有必要的，这对确立投资目标和方向将起到积极作用，尤其是对于定投基金产品，更是一项有纪律的投资，需要投资者在具体的基金投资过程中加以注意。

4.两三只优秀股基进行定投组合。分析师表示，建议选择两到三只中长期排名靠前的股票型基金，构造一个定投组合。即使是同一家基金公司的不同股票型基金，投资方向也最好各有侧重。不同行业板块的涨跌是轮动的，基金的业绩表现也会呈现出阶段性特征，定投组合可以起到互补的作用。该分析师表示，一个有效的定投组合办法是“核心＋卫星”。市场上涨时，可以分享成长型基金的优异表现；市场波动时，核心基金的稳健表现，可降低可能产生的亏损程度，这是可攻可守的搭配组合。

5.要确定具体投资的基金公司和产品。规模较大的基金公司在投资研究能力、客户服务水平方面都处于领先地位，因此应该首选品牌好、规模较大的基金公司。对于基金产品，应当选择成立时间较早、业绩长期表现稳定的基金产品，例如成立于2001年的华夏成长基金，历经近8年的牛熊考验，实现的净值增长收益可观。

6.定投不是定收益。尽管基金定投是一种“积少成多、聚沙成塔”的投资方式，但对于投资者来讲，定投绝不是一种简单的资金投入，更不是盲目选择定投品种，也不是坐享基金的收益。投资者选择不当的定投品种，同样会由于基金净值波动而产生相应的投资风险。这对于投资者来讲是极其不利的。因此，以固定收益的眼光看待定投产品是不可取的。

7.定投至少坚持一个市场周期。通常来说，投资者定投的期限最好大于等于一个市场周期。以上证指数为例，自1990年设立以来共经过五次明显的循环，以2001年7月到2004年3月为例，其间上证指数历经一个从下跌到回升的循环，整个周期内上证指数下跌9.3%，但投资者若每月持续定投扣款，报酬率仍可达9.8%。定投的获利关键在于，是否能有耐心投资完一个景气循环。若定投出现不赚钱或是赚不多，多半是出现了三种情况：一是行情下跌时停止定投扣款、上涨时则追高；二是低迷行情时减少每期定投扣款的金额、行情重启后才增加金额；三是定投的投资对象选取错误，如定投货币市场基金。

基金定投同样有风险，而不能保证没有损失。虽然说基金定投在长期来看能够起到平滑市场波动的作用，但是如果定投的时间比较短，而且恰逢经济周期的低迷期，那么基金可能会面临亏损的风险。

长期持有股票不等于永不出手

巴菲特曾说过这样的话：“对于那些质量非常好的股票，我是会选择长期持有的，甚至如果这只股票心动到让我觉得无法再找到同样的股票时，我会选择永远持有它！”我们明白这句话是告诫投资者要坚持长久投资价值投资，抓到一只好的股票尽量就不要出手。但作为普通投资者的我们照着巴菲特的原话去学那可就大错而特错了。

巴菲特的意思并不是一直持有不卖，而是待机而动。如果你坚持在大牛市“死了也不卖”的话，那么大熊市一来你的收益会降低很多。巴菲特对可口可乐等极少数公司的股票的态度是死了也不卖，再跌也不卖，原因是这些公司的基本面没有变化，长期竞争优势没有变化，下跌只是暂时的，迟早还会涨上来，而且涨得更多。而且巴菲特投入的是大资金，一旦卖出，很难再以低价格大量买回来。但如果这些公司的长期竞争优势有了重大变化，则少赚了也要卖，甚至亏本也要卖。

只有灵活巧妙地掌握投资技巧，才可以在股市中游刃有余。切记不要因为在牛市中挣到钱就兴奋，一定要懂得股市不会总是疯牛式地涨，投资股票必须有把握风险的意识。

股市变化无常，即便你在合适的价位、合适的时机买入了合适的股票，但如果没有在合适的时候卖出，那么之前的工夫也就是白做了。由此可见，何时卖股票比何时买股票、买何种股票更难，也更重要。所以，投资者一定要确定一些基本的卖出原则，以使自己的投资决策摆脱情绪的干扰。那么，究竟该在何时卖出呢？

1.有更好的投资机会时卖出

能够准确判断价格走势的底部和顶部，是每一位投资者的梦想，但现实却是残酷的。因此对大多数投资者来说，较好的策略也许是不要去判断顶部和底部，而是一直持有。只有当你发现了更好的投资机会时，才把股票抛出再买新的股票。

2.重新分配投资时卖出

通常采用组合投资是一种比较好的方法。你可以把1/3的资金投入到高科技股中，1/3的资金投入到低市盈率股中，还有1/3则投入到小盘股中，然后定期进行调整。比如，几个月后，由于高科技股市值上升，已占到总比例的1/2，这时你就要减持高科技股，把资金补充到其他板块中去。

3.股价超过目标价位时卖出

如果你一开始就没有设定目标价位，那就不需要理会这一条。但如果你定下了目标价位，一旦真正达到这一价位时就应该主动实施操作。因为你在设定目标价位时一般比较理智，但当股价上涨的时候，多数人的脑子就开始发热，所以，为了避免犯错，最好还是及时抛掉。

4.行情形成大头部时卖出

这时赚钱的要坚决清仓全部卖出，亏损的也要“壮士断腕”。历史统计资料显示：当大盘形成大头部下跌时，90%~95%的个股也会形成大头部，跟随大盘下跌；当大盘形成大底部时，80%~90%的个股也会形成大底部。这说明，绝大多数个股与大盘的联动性相当强，因此，大盘一旦形成大头部区，果断出货

是最重要的。不怕错，就怕拖。

5.个股突然大涨时卖出

主力在高位出货一般都是利用散户的狂热接盘来实现的，而只有把个股炒热，散户才会跟进。所以，主力在前期利用涨跌互现的形式不断炒高股价，打算出货时则连续大幅拉升股价，此时成交量也急剧放大，这就是主力利用散户的狂热情绪不断出货的征兆。一般情况下，股价的20日乖离率在25%并伴随成交量急剧放大，则个股股价短期甚至中期见顶的概率相当大，此时宜卖出股票。

另外，投资者进入股票市场投资前应做好“最坏的打算”。事实上，投资分析家们在做投资分析时，也都是先算风险有多少，再算利润有多少。很多具有投资经验的人都表示买卖股票是具有风险的，因此，投资人想要进入证券市场，必须做好心理准备。不要以为在大涨行情的形势下，每一笔股票交易都能赚钱，其实里面可谓“波涛汹涌”，稍有不慎就会造成损失，所以在投资股票前要有良好的心态并要做好心理准备。但想在股市赚钱，也不是没有技巧的。无论牛市还是熊市，投资人一定要在戒贪的基础上，提高自己的操作技能。否则，即使股市再牛，仍然会赔得一塌糊涂。那么，究竟如何在股市中获利呢?

秘诀一：对买最低价与卖最高价不奢望

对于任何一个股民而言，能在最低价买入股票，在最高价卖出股票都是他们的美好愿望。但笔者认为，即使是股市高手，要实现这种愿望也很难。因此，普通股民不要抱太高奢望，因为股市行情随时都处于波动中，即使某些股票已经创了新低，但很可能新低之后还有新低；即使某些股票已经创了新高，照样可能新高的后面还有新高。鉴于这种实际情况的存在，股民在投资股票时不妨去掉奢望，采取比较实际的做法，让自己真正能有“财”进账。做法是：当你选中某只股票后，自己认为它离底部已经很近，未来会有10%~20%左右升幅，这时买进该股，随后便耐心等待该股再次走进上升通道。如此，就能让自己吃到股票行情中的那一份获利。

秘诀二：认真确定好止损与止赢点

很多股民对于股票下跌后，所产生的损失一般都会痛惜，总是希望自己的股票价格能再回升，一般都不愿割肉，而对于不断上涨的股票又不愿意卖，奢望能更多地获利。这种想法，有时就会让股民不仅不赚，反而还会损失得很惨。因此，在股市的拼杀中，设置止损和止赢尤为重要。所谓止损和止赢就是设定一个固定亏损和盈余率，一到达位置即严格执行。其中，设定止赢尤其重要，否则会不赢反亏。举个例子：李先生，曾在15元时买入了某只股票，后来股票涨到了29元他没卖，没过多久，这只股票回调到了27元，李先生心想，我29元都没卖，27元更不卖，到30元再卖吧。结果呢，在21元时他割了肉。

秘诀三：把握大势确保胜利果实不丢失

很多股民在牛市时是高手，而一旦遇到熊市或震荡就又成了“低”手，不仅不能在股市中再获利，反而还要把自己在牛市中获得的胜利果实给吐回去，如此一来，这些短线炒手纯粹是给券商白白打工。其实，在熊市和震荡市中不去搏杀，保住自己牛市的胜利果实更重要。股民除了应设立止损点和止赢点外，适时进行空仓观望和认真分析，准确把握大势也很重要。其实，在熊市中保住胜利果实的方法很简单：对几只自己看好的股票始终进行跟踪，并根据市场情况不断尝试进行虚拟买卖，自己不妄图能够买入历史最低价，当通过虚拟买卖发现升势已经开始确立，再杀入股市开始进行实盘操作。

中国的股市从最初的上市到现在总体来说是处于不断上升的趋势，投资者只要理性炒股其实是可以赚到钱的。有很多人之所以赔得很厉害，完全是因为自身过于贪心。当股票涨起来的时候，他们不舍得卖，直到跌下来的时候才后悔。中国有一多半人都在炒股，如果真的都赔钱的话，谁还傻傻地待在里面。所以，我们可以适当地炒股，为自己的生活增加一点额外的收入。

理财达人的存单，不只是存取那么简单

有些人总是在问，为什么总存不下钱？他们总是觉得钱是花出去了，但从来没见任何回报。道理很简单，最好的生钱方式就是能够不再买公司所销售的产品，而开始买公司本身。美国对有钱人（年收入22.5万美元或持有300万美元资产）做的一项调查表明，富人会把他们全部收入的30%左右拿去投资或储蓄。这并不一定可以致富，但却是他们成为富人的原因。当你忍痛改变你的消费习惯，忍痛彻底摆脱做金钱奴隶的束缚时，你就是被列入富人的行列了。

“钱生钱”是富翁守则中的一条黄金定律，而守财奴纵使有金山银矿，也只能一世为奴。处于工薪阶层的我们如果能运用好自己的储蓄，将其合理分流，就一定会得到丰厚的回报。想成为富翁还是守财奴，完全在于我们自己！因此，要么忍痛改变，要么就满足现状吧。

郭志强毕业后在一家销售公司做销售经理，月薪为15000元，由于单身的原因，每月除去日常开销，最少还能剩下10000元，按理说这样富足的生活足以让很多人感到满足。可是，不甘寂寞的郭志强并不满意自己的生活，还是一门心思想“钱生钱”。他仗着自己在大学时学过一点经济学的皮毛，懂得“资本增值”的理论，在股市最活跃的时期，把存款全部变成了股票。那段时间，郭志强除了股票之外一无所有。起初股价还有升有降，他也尝到些甜头；可后来，随着股市一蹶不振，他的股票也被死死套牢了，割价出手又舍不得，结果把老本都赔进去了。

从那之后，郭志强终于明白了经济学教科书中，那条最基本的理论：“合理分流”。于是，在将股票套现后，他完全改变了理财方式，把自己的钱分成几部分，分别用于购买家庭保险、积攒积谷防饥的生活费、家庭日常开支等，余下那么一小部分才用于股票投资。

别说是工薪阶层的人，即便是亿万富翁这样的人，在做理财投资时也必须保持绝对的理智。所谓“攘外必先安内”，家庭资金的合理分流对于没有多少资本的80后来说尤为重要。在“钱生钱”的准备和进行过程中，最忌讳的就是急功近利和见钱眼开，只有静下心来从长计议，脚下的“钱途”才会显现出来。

穷不要紧，但要有自知之明。工薪阶层在投资之前一定要先冷静下来，对自己的爱好、学识、工作时间、收入、身体情况等方面做一个系统详细的分析，然后根据得出的结论选择或是制定适合自己的“淘金攻略”。如果不顾后果地盲目跟风，很可能因为种种不适合而血本无归。

每个人都有自己的长处和短处，如果我们能清楚认识到自己的强项是什么，并把它充分发挥出来，那自然会有遍地的黄金等着我们去捡。

十几年前，股市在国内刮起了一阵巨大的旋风，大街小巷里几乎每个人都在谈论着股市，张萌萌很好奇，也就跟了风，没想到不到一上午转手就赚了160元钱。从那时起张萌萌就萌生了炒股致富的想法。

当时张萌萌还只是一个学生，她利用课余时间为初中的学生补课，每个月能够拿到一笔不小的收入，见到股市来钱这么快，张萌萌毫不犹豫地将自己辛辛苦苦赚来的5200元钱全部投入了股票市场。结果在进入股市后的5年里，张萌萌连续亏损。不服输的她陆续投入积蓄，累计投入近7万元，然而到2007年时只剩不到3万元。家里人也都劝她，不行就别炒股了，还是老老实实地上班吧！

张萌萌将自己关在房间里想了一天，决定还是要继续走下去，张萌萌通过朋友购入了一台二手电脑，同时利用报刊书籍研究、学习相关专业知识，根据自己5年的经验教训，慢慢找到了一个适应市场适合自己的盈利模式。2009年，张萌萌以11元/股左右的价格全仓买了某科技股票，同时在当年6月初以39元/股的价格出手。这只股票，让张萌萌一下子就赚了40多万元。这次成功的选择，一扫5年来心中的阴霾，使她赚得了股市的第一桶金。

萧伯纳说过，每一个以亿为单位的数字背后，除了艰辛的创业史外，还有自成体系的理财方式。其实世界上没有传奇，只有不为传奇而努力；其实赚一亿并不难，难的是没有好的理财方式。“钱生钱”的路说难不难，说容易也不容易，工薪阶层在唤醒自己工资卡的同时也要注意，不要涉足风险过大的项目。小心谨慎、量力而行、一步一个脚印地向前，我们才不会与财神爷擦肩而过。

买对保险，老了才有依靠

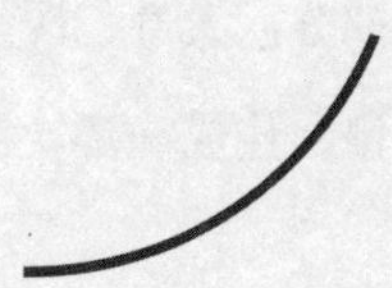

“老有所养”，是中国古人对大同社会的梦想，也是政府构建和谐社会的执政承诺。无论兴隆国度还是展开中国度，社会保证体系的重要内容之一，便是让人们能老有所养，不至于由于退休而使生活质量降低。但是，随着医疗技术的不时提高，人们生活水平的日益提高，人均寿命在不断延长。活得太久与社会养老金缺乏，继续通货收缩等社会矛盾已日益凸显，传统的养老观念正面临着史无前例的三大难题：

1.活的太久大大添加了退休后的生活、医疗保健费用。

2.通货收缩，让未来充满不确定性。

3.老龄化高峰期将至，社会统筹养老金缺口越发扩展。

这些问题势必会阻碍老年人“幸福指数”的上升。过去许多老年人的退休生活来源之一是儿女的赡养费，但是在“方案生育国策”时代，421家庭结构成为主流，一对夫妻必需赡养4个老人和抚养1个小孩，生活压力十分繁重。如今许多年轻人不再把赡养长辈当作义务，而许多老年人也不再把“养儿防老”

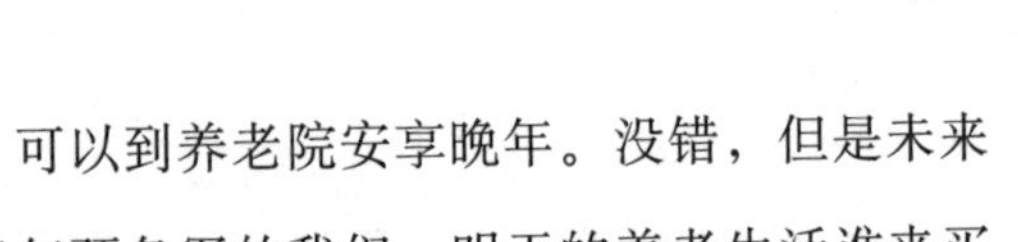

当成一件值得等候的事。有人会说，可以到养老院安享晚年。没错，但是未来养老院的费用也是一道难题。作为老年预备军的我们，明天的养老生活谁来买单？

有一则笑话，说的是一个失事海船的船长是如何说服几位不同国籍的乘客抱着救生圈跳入海中的。他对英国人说这是一项体育运动；对法国人说这很浪漫；对德国人说这是命令；而对美国人则保证：你已经被保险了。

保险在美国，不管是国家总统，还是明星巨匠，还是平民百姓，是人们生活中不可缺少的一环，像饮食、居住一样，是生存中必要的一部分。人寿、医药、房屋、汽车、游船、家具等等都保了险，它们像一条条木栅，连成一环，环在你周围。

现代社会是一个异彩纷呈的多元化社会，每个人在享受到它的繁华富饶的同时，又深深感受到个人前途的不确定性和各种风险的存在，买保险已经成为大多数现代人必不可少的选择。

目前，市场上关于老年人的理财工具，养老保险就是其中之一。养老险为你的晚年生活增添保障。在增加自身养老储备的同时，退休后的理财还可以与自己的兴趣爱好适度结合。在有了足够的应付养老所用的资金储备之后，你会发现，想要实现此前“预定”的那些退休梦想，一切皆有可能，一切都是那么游刃有余！虽然养老面临诸多难题，但养老保险可以确保每个人都能老有所养，安享有尊严的晚年生活。

众所周知，社会养老保障体系有三大支柱，分别是社会保险、企业年金与个人商业养老保险。由于目前的社会保险只能保障退休后最低的生活标准，而企业年金不是强制性的。因此，人们更多的还是需要最后一个支柱——个人商业养老保险。

市场主要有两种典型的养老保险类型：

一为传统养老金保险，到约定年龄开始每年领取养老金，这样的险种领取金额固定、保障明确。

二为现下比较热的万能险，以投资增值方式作为将来养老的储备，但是有一定风险，并不能保障增值多少，且其前5年扣除费用较高，一般需要中长期的持续缴费投资方才显效，当然其收益机会也可能大于传统养老金险种。

也就是稳健的选传统养老金保险，能承受风险追求更大收益机会的选投资型万能险或是投联险种。

至于具体险种，各家保险公司都有，建议实施开放式方案征集和比较操作，看其提供的险种方案保险利益哪个更为有效，针对你的需求，这就是你需要的。简单有效的做法是直接找几家当地不同公司的代理人，另外如果担心被骚扰或纠缠，也可以网上通过第三方保险中间站的保险招标平台，直接在线匿名征集不同保险公司的具体方案，进行比较和选择。这样，结果相对要安全合理得多。

在互联网上有一篇叫做《将来您老了，指望谁》的文章中就提到："不管你是长寿的欧吉桑或欧巴桑，到最后都是一个人，这句话一点也不悲凉，也不可怕，全看你如何安排生活！"是的，只要规划得当，及早行动起来，越老越富有就不是一张口头支票，而是你舒适、富足、充满乐趣的退休生活的有力保障！

工薪族如何投资黄金，实现财富增值

现在大众对“你不理财，财不理你”之语，已经是耳熟能详了，所以，当黄金走向大众，为大众投资者打开了一扇新的窗口时，投资者是不能漠视和错失机会的。相对于其他投资，黄金可能不是最赚钱的，但它的优势在于风险低、易变现、易入门，非常适合工薪阶层的新手投资者。随着投资理财的理念不断升温，很多人将投资方向转到基金投资市场，但是这个市场鱼龙混杂，投资者必须擦亮双眼。相对于股票、基金等，黄金有正规的购买渠道，价格也公开透明，投资风险也低很多。

对于经济条件一般的投资者来说，投资黄金选择实物金无疑更实在，因此在我国，实物黄金是黄金交易市场上较为活跃的投资产品。那么，投资者可以通过哪些渠道投资实物黄金呢？

金店是人们购买黄金产品的一般渠道。但是一般通过金店渠道买金更偏重的是它的收藏价值而不是投资价值。比如购买黄金饰品是比较传统的投资方式，但是金饰在很大程度上已经是实用性商品，而且其在买入和卖出时价格相距较大，投资意义不大。

投资者还可通过银行渠道进行投资，购买实物黄金，包括标准金条、金币等产品形式。比如农行“招金”、中行“奥运金”，还有上海金交所对个人的黄金业务当前主要就通过银行来代理。而我国推出的熊猫金币，就是由中国人民银行发行，也是一种货币形式，即使再贬值也会有相当的价值，因此其投资风险相对要小。

此外，对于工薪阶级的投资者而言，“黄金定投”不失为一种最好的选择，黄金定投也叫黄金积存或是积存金。就是每月以固定的资金按照上海黄金交易所AU9999的收盘价购买黄金。当合同到期时，客户积累的黄金克数可以按照上海黄金市场价格兑换成现金，或者相应克数的金条、金首饰。由于购买的黄金是按上海黄金交易所的AU9999价格直接购买，所以中间没有任何手续费用。因此，购买的黄金克数会随金价的波动而变动，这样可以有效降低价格的风险。采用定期定额的方式，可以达到强制储蓄，轻松理财的目的。由于可以兑换金条或首饰，这是一种不错的积累黄金的方法。

近年来，黄金定投逐渐地被大家所接纳并且认可，其原因在于黄金定投每个月银行会自动扣钱，这样每个月可以不经意就能攒点钱。就算每个月只攒300，那么一年下来也有3600元。强制储蓄，让不懂理财的年轻人轻松脱离月光族。而且不需要让你过度地关注黄金的涨跌，就像存钱一样方便，不会因为短期的波动影响长期的收益。真正地做到了无需打理，懒人理财。

黄金定投一般300元即可，最低100元轻松起步。不会因为钱太少成为我们不理财的借口。办理这项业务也很方便，只需提交本人身份证和银行卡复印件即可，也可以申请网上办理，网上赎回，真正足不出户，直通办理。如需用钱或黄金，可及时赎回。黄金涨了可以兑换现金，实现财富的保值增值。黄金跌了，可以兑换成金条，成为传世之宝。赚钱攒金两不误。这也是黄金定投最吸引人的地方，是没有任何风险的。

黄金定投摊平成本、积少成多，不必选择投资的时机，不必在意黄金价格

的短期波动，长期坚持可以获得市场的平均收益。黄金近十多年来已从250美元每盎司上升至1900美元每盎司。另外，黄金定投的标的为实物黄金，黄金是货币的监督者，波动不会像基金一样剧烈，同样证明了黄金的投资价值。

对于工薪阶层而言，黄金定投可以首先解决月光的问题，培养一个好的理财习惯。接着，可以有效抵御通胀，但是一定要根据自身的情况，量力而行。不在于多，而在于注重解决现在突出的问题。投资黄金要有耐心，黄金定投短期收益有限，长期定存，效果显著。不要因为短期的黄金上涨下跌，劳力费神。定投一般期限最短1年，建议最少也是1~3年。长期下来，还有复利的效果。

黄金定投是一种新型黄金衍生产品，投资者对于黄金认识还比较浅薄，也存在一定的误区。

误区之一：金价跌了是不是赔钱

这是广大投资者存在的最有共识的一个误区，黄金定投是结合黄金实物的，目的是为了保值，作用是保证我们的购买力不下降。从短时间账面看，黄金的上涨下跌是正常的，不要纠结黄金跌了就是赔钱。相比来说，黄金下跌时我们所购买的实物黄金克数也在增加。

误区之二：黄金的上涨没有其他投资品种快

黄金定投相比其他投资品种，收益趋于稳健。首要目的是攒钱或者攒黄金，接着才是保值，抵御风险。相比上涨空间或者收益指数，没有其他投资品种高。这是客观存在的现实，黄金定投一定要结合自身情况，评估其他投资品种的风险与收益指数综合来看，不能单纯地因为没有其他投资品种收益高，而忽略其稳健性的优点。

误区之三：黄金定投的时间过长

黄金定投一般最短期限为1年，是中期投资品种。相比短期的股票，期货之类的时间确实有点长，但是进入市场的时间越灵活，我们所面临的风险概率也在进一步变大。相比保险之类的长期投资来讲，时间上更加合理可控。

误区之四：没有钱不想做理财

黄金定投最低起步为100元，最基本的作用就是帮助我们脱离月光，从100元存起。倡导的是小钱不起眼，存起办大事的理念。不存钱是永远没有钱的，百万富翁也是从100元到10000再到100000的过程。

误区之五：定投必须要每月都存

黄金定投最短期限为1年，最低要求是成功划转12个月次。不需要每个月都存，中间可以隔月，只要存够12个月次即可，两年之内或者更长时间存够12个月都可以。不用担心因为自己几个月没有钱而导致违约或者协议作废。

误区之六：金额会不会多扣

黄金定投所选的金额是不会出现多扣，错扣，漏扣的情况。同样，如需提高金额，需本人提出申请，填写变更表之后，次月奏效。

误区之七：定投协议自动终止

定投期限为一年，成功划转12个月次后，可以随时赎回。但是，协议不会自动终止，需要本人办理赎回现金或者黄金，销户之后自动终止。没有终止前，依然会按定存日期定存金额划扣。

总体上来讲，有不少银行提供黄金定投服务，不过黄金公司在黄金实物流通、黄金产品制作、黄金回购方面更具专业性，因此国内不少黄金公司同样开展了类似的业务。他们在黄金定投专业上能给投资者提供更加灵活、高效、舒心的服务。

CHAPTER

nine

第九章

健康是“1”，其余都是“0”

健康是“1”其余都是“0”

“斩断情丝心犹乱，千头万绪仍纠缠，拱手让江山，低眉恋红颜，祸福轮流转，是劫还是缘，天机算不尽，交织悲与欢……”电视剧《甄嬛传》的主题曲《红颜劫》的余音还萦绕在耳边，但演唱者姚贝娜却因乳腺癌复发，在2015年1月香消玉殒，离开了她喜欢的音乐和喜欢她的歌迷，年仅33岁。每每想来，总是让人心生叹惜。

张生瑜坐上北京同仁堂股份有限公司董事长的位子是从底层一步步走上来的，上世纪90年代，刚刚大学毕业的张生瑜进入了北京同仁堂（集团）有限责任公司。经过基层锻炼后，他当上了集团公司的企业管理处副处长、综合计划处副处长。

从2003年至2006年，在第三届董事会中，张生瑜出任同仁堂股份有限公司的董事会秘书，之后的第四届董事会中，他又担任了副董事长、董事、董事会秘书三个职务，直到2007年4月份才接任董事长一职。

“他这个人对工作比较专业、无可挑剔，”李泉琳说，“人品也没得说，对员工也很亲切，工作上要求严格。”由于长期在资本市场摸爬滚打，积累了丰富的经验，张生瑜在北京的企业圈也很有名气。

据同仁堂员工说，张生瑜上任董事长之际，公司正面临营销渠道不畅、终端推广不利、产品生产成本较高，在市场竞争中处于劣势、公司的综合毛利明显下滑等一系列问题。公司业绩曾在2006年大幅下降。作为公司“少壮派”的张生瑜在接任董事长之后，开始进行革新。

当年，同仁堂股份业绩即出现了恢复性增长，2007年，同仁堂实现净利润增长34%，每股收益为0.537元；而归属于母公司所有者的净利润为2.32亿元，同比增长48.7%。

据同仁堂集团内部人士透露，张生瑜身体一直不是很好，但工作上张生瑜又不能允许自己有瑕疵，长期处于紧张的工作状态，超负荷的工作强度拖垮了他的身体，正如李泉琳说道：“张生瑜身为上市公司的领导压力能不大吗？再说他外面的事务也很多，突发心脏病更多的是累出来的。”

“过劳死”一直困扰着中国的企业家，仅2013年，慧聪网副总裁、首席技术官43岁的洪广志突发疾病去世；御泥坊前董事长36岁的吴立君突发脑疾去世；南阳通宇集团董事长43岁的王庆来突发脑溢血去世。浙江001电子集团董事长项青松曾在接受媒体采访时说：“我们这一代的企业家都是白手起家，每天工作18个小时左右，太劳累了，经常加班加点拼命工作，甚至打着点滴也不例外。”

一幕幕让人触目惊心的悲剧，一个个令人扼腕叹息的倒下，留下的是沉痛的思考。因为有强烈的使命感、责任心和奋斗精神，才让这些精英们脱颖而出，也因为身居高位，所以必须承担着企业发展甚至生死的责任。

随着竞争愈趋激烈，企业家们需要花更多的精力和心血来应对内外环境的变化，谋求企业的利益和长远的发展。很多人已经到了忘我的境界，忽视了自己的生活节奏，无视自己的身心健康，纵观中国各大公司的高管群体中，猝死不是孤例，而是一个现象，它反映出中国企业家在精神和体力上普遍的过劳状态。

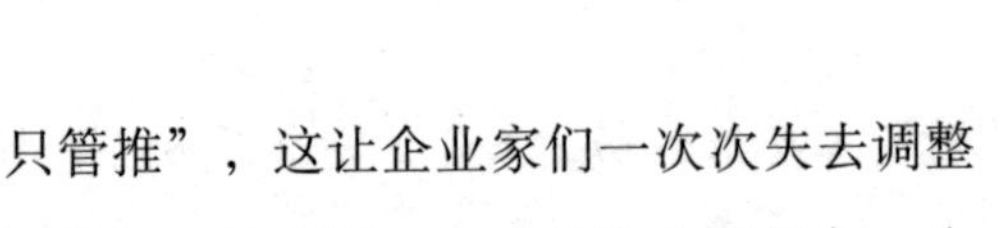

中国人的传统观念是“小车不倒只管推”，这让企业家们一次次失去调整的机会，一次次在警信频出的身体上再添加一块负担，让身体和心理的每一个链条都紧紧绷着，高速运转，最后这辆高速运转的“破车”车毁人亡。

健康是“1”其余都是“0”，失去健康就会失去一切，无论事业上取得多大的成就，也抵不上自己强健的体魄，某一天，当你健康出现了滑坡，却投治无门的时候，恐怕就为时已晚了。

多吃青菜瓜果、少吃大鱼大肉，多喝水，养成吃早饭的习惯，形成碱性体质，少得病。

应酬是很多人工作中不可避免的，大量酒精摄入，对胃壁、肝脏、大脑、肾脏等器官都有很大伤害，长期下来患胃病、酒精肝、脂肪肝的几率大大增加。生命在于运动，无论如何也得抽出点时间给自己这台设备保养保养，工作忙很难抽出时间活动这不是理由，殊不知病倒了，想工作也工作不了了。

工作压力大，不得不加班加点地熬夜工作，遇到知己甚至彻夜长谈，熬夜应酬、打牌，而人体这部机器最适合在晚上11点——凌晨3点修整，此时睡熟可以让身体一天的疲劳完全恢复，这时候的代谢是一种调理型代谢，保肝护胃，舒筋活骨，排除毒素，一身轻松。这段时间如果不睡觉的话即使其他时间睡再多的觉也弥补不过来身体的疲劳和正常的排毒过程。

每天没完没了的讲话，永远都有事情需要你拍板，照顾下属，应对上级，累得筋疲力尽，食欲全无，体质很差，整日昏昏沉沉，重重的压力压得人喘不过气来。要学会化解压力，减轻负担，转移注意力，增加一些自己感兴趣的业余爱好，多和家人交流感情，体会温馨幸福的感受。旅游，和三五朋友一起去风景秀美、空气清新的地方度假、旅游，脱离工作，完全放松。抽烟不是个好办法，每日吸烟超过十支，就可以对身体造成实质性损害。

谈到幸福，人们更多地想到的是温馨和谐的家庭；谈到成功，人们更多地想到的是工作上的成绩；谈到财富，人们更多地想到的是大量的金钱。殊不知，只有拥有健康你才能拥有幸福、成功和财富，健康是一个人的根本，有健康才能拥有一切。

心理健康比身体健康更重要

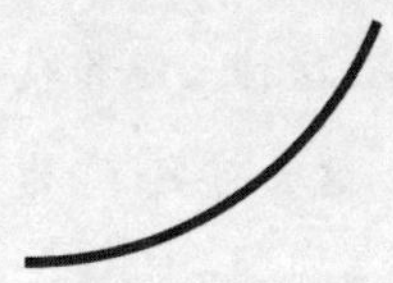

世界卫生组织的健康定义包含了三个范围：躯体；心理；社会。要称得上健康，就是要能吃能睡，能说话能思维，身上没有病痛，而且还要能在社会立足谋生，能与周围的人群合得来，才算健康。

2015年1月8日，上海市高级人民法院宣判，以故意杀人罪判处林森浩死刑，依法报请最高人民法院核准。

人们至今都难以理解，像林森浩这样成绩优异，高考以780多分的高分考入中山大学，2010年又因成绩优异被中山大学推荐，免试进入复旦大学医学院读研的"上帝宠儿"，为何会沦陷为杀人犯，更何况，他和被害人黄洋并无深仇大恨。

林森浩底子里是自卑的，他家境并不优越，林父早年在一家服装厂打工，林母是个普通的农村妇女，识字不多，常年拉着一辆木板车，在镇上的工厂里收购废品，后来，一家人才从狭窄的土屋，搬进了如今的小楼，以出售纸巾、饮料等为生。

一次联谊会上，林森浩举着酒杯要和一个不认识的女生碰杯，女生让他猜自己所在的学院，猜错了就要罚酒一杯。林森浩几杯酒下肚后终于猜对了对方所在的学院，林森浩反过来要用同样的方法让这个女生猜自己所在的学院，女生一脸不屑的表情："谁想知道你是怎么回事。"林森浩自尊心大大受挫，自卑压抑就更加严重。林森浩曾自嘲："有谁会喜欢我这个人?丑男第一、手无缚鸡之力、木讷、迂腐、时代的落伍者。"

林森浩跟室友黄洋的性格非常不一样，一个内向，一个外向。林森浩不是嫉妒黄洋的外表、学业成就和家庭条件等，他嫉妒的是黄洋的活泼、热情，平时爱打打闹闹，人缘很好。这让林森浩心里很不舒服："为什么这种人能和我并列，他肤浅，没有思想，无忧无虑，还有那么多人喜欢他，这太可笑了?为什么我总是不受欢迎？"

他有嫉妒、自卑、敏感、脆弱的性格缺陷，在处理人际关系时情绪调节能力又不高，这种自卑感强的人往往很敏感、脆弱，生活中更容易感受到不公平，容易感觉自己受到伤害，导致恶性循环，难以自拔，所以就会产生因生活琐事而故意杀人的行为。

在生活中容易遭遇挫折，而挫折往往使他产生愤怒、怨恨、敌视等消极情绪，并长时间难以排除，当积累到一定程度时，如果受到一点哪怕很小的事情的刺激，他就会情绪发作，投毒的行为就是他要发泄心理的愤怒和不满。

南怀瑾说："在艰苦中成长成功之人，往往由于心理的阴影，会导致变态的偏差。这种偏差，便是对社会、对人们始终有一种仇视的敌意，不相信任何一个人，更不同情任何一个人。爱钱如命的悭吝，还是心理变态上的次要现象。相反的，有器度、有见识的人，他虽然从艰苦困难中成长，反而更具有同情心和慷慨好义的胸襟怀抱。因为他懂得人生，知道世情的甘苦。"

这个世界上没有一个人的一生是一帆风顺的，没有一个人是没有烦恼，没有忧愁的，我们都失败过，被人嘲笑过，被人看轻过，如果你不调节好情绪，损失是巨大的。其实，调节情绪的能力并无明显的先天差别，更多与后天的培养息息相关。

要学会理智地表达情绪，而不是压抑不良情绪。学会辩证地、一分为二地看问题或者学会换位思考、换角度思考问题，最好掌握一两种在关键时候克制自己情绪冲动的方法，如离开冲突现场、转移注意力等。特别是要意识到在情绪冲动时不要做决定，更不要采取行动。因为此时的自己是不理智的。

比起女人，男人的心里更容易积压问题。因为当女性内心压抑和苦闷时，她可能会找朋友倾诉，以求得理解和帮助，当痛苦难忍时，她甚至会大哭一场，使情绪得以暂时缓解。

而社会标准对于男人的要求是刚强不屈的，而且男人重视事业，向往成功，不懂得给自己减压。为了排解压力，一些男人常会养成暴饮暴食、过量酗酒和抽烟等不良习惯，但这些行为非但对缓解压力无助，反而会对身体健康造成伤害。

有一项研究证实，中年、老年的男性，罹患心血管疾病的概率是女性的4倍，一方面除了与女性有荷尔蒙激素保护有关外，另一方面则与男性承受压力较女性较大有关，平时又没有很好地疏解出来，最终积郁成疾。

平时可以进行一些愉悦身心、调节情绪的活动。譬如练习瑜伽和太极拳，或者养花植树、欣赏音乐、练习书法、绘画、打球等，这些活动都可以怡人情志，调和气血。

当然，与家人的交流是必不可少的，在与家人互动的过程中可以感受到关爱和温暖，让自己冰冷烦躁的心得到舒展。有不高兴的事可以和朋友说说，让朋友帮自己出出主意，即使解决不了也在一定程度上缓解了情绪，甚至可以找心理医生帮助自己。

没有解决不了的问题，也没有过不去的事情，一切就在于自己如何看待问题，解决问题。心理不健康，也会导致身体不健康，影响人际关系，家庭关系，进而影响事业的发展，家庭的和谐。自己又整天处于暴躁的情绪里，何苦呢，任何时候从事物的正面角度看问题，用最有效的方法解决问题，能解决固然好，不能解决也要学会用正确的心态看待问题。决不能自己和自己过不去，纠缠在乱麻线团里不出来。

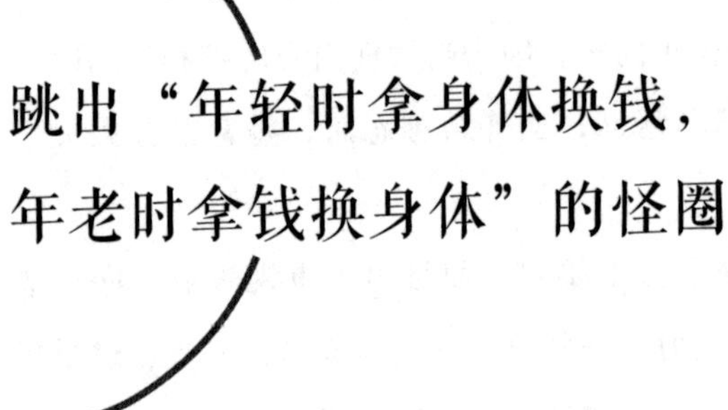

跳出“年轻时拿身体换钱，年老时拿钱换身体”的怪圈

据调查，58%的60岁老人心里最后悔的事情就是对自己的健康重视不够，以至身体受损。事业再重要，也不要透支自己身体，“事业诚可贵，健康价更高”。

“业成了，人没了。”不要让这样的悲剧再次发生，追梦的路上，注定坎坷，健康快乐地活着才是最重要的，活本身就是最可贵的，它就在我们手里，不需要用任何东西来换取，值得我们万般珍惜，有健康才有一切。

2015年，央视财经频道一位36岁的编辑因胃癌去世，同年，《深圳晚报》一名31岁女记者因癌症去世。媒体人常患血脂异常、颈椎病、脂肪肝、高血压等疾病。这些疾病多与媒体从业人员长期饮食不规律、熬夜、久坐不动等习惯有关系。

网店店主李易每天工作12个小时是家常便饭，每天早上8点钟起床开电脑，看销量、监控竞争对手、接订单、回答“亲们”的各种问题，总是不吃早餐就直接干活，下午发货，在线销售直到晚上12点，偶尔遇上一两个“夜猫”买家还要陪聊陪熬夜，为的就是多做一单，多一个好评，多赚点钱，常常凌晨三四点才能入睡，他一般只能睡4小时，没有节假日，甚至过年都在工作。

李易租住的两居室房屋既是住房，又能办公，当然屋子里还堆积着大量的货物，显得很拥挤，除了进货，李易几乎每天都在这个屋里。

不管有没有生意，李易都长时间趴在电脑前，没生意时也是盯着电脑等生意，客服、销售、配货、售后以及美工等人员都需要操心，需要在每个环节花很多的心思。

做网店五年了，李易觉得难以控制自己的情绪，脖子、肩膀僵硬，头部维持在一个姿势不敢活动，像个机器人，感到头疼、胸闷、耳鸣、目眩，去医院检查也没有结果。

最近，李易更感觉自己身体虚弱，总是有气无力的，面色暗黄无光。李易很怕在新闻上看到的英年早逝的事情会发生在自己身上，所以李易只好放弃自己苦心经营了5年的网店，回家好好调理自己的身体。

曾有网友打趣称：“早起的是做淘宝的和收破烂的；晚睡的是做淘宝的和按摩院的；睡不好觉的是做淘宝的和犯案的；没有休息日的是做淘宝的和要饭的；抢速度的是做淘宝的和开救护车的。”

每天处在过劳状态的青年是数不胜数的。据了解，在IT行业，加班似乎已经是家常便饭了，不加班就被认为是不努力，不用功。从三星要求员工早上六点半上班，到传言京东一前员工因按时上下班而被辞退，更有深圳IT白领连续加班5个通宵猝死的消息，一个又一个的触目惊心，让我们感受到了生命的脆弱。

我们最熟悉的教师职业则高居透支健康职业的第三位，很多人觉得教师待遇好，工作轻松，其实除了教学压力外，还有职称压力，学历更新的压力，知识更新压力，毕业班的老师还要有升学率的压力，教师超负荷的工作造成长期过劳的状态，精神方面的巨大压力，忙碌而导致极度缺少锻炼，工作和社会的双重压力迫使教师不断地透支着自己的身体，每年倒在工作岗位上的教师并不少见。

钱彤大学毕业后拼命工作，事事力争最好。工作上一往无前生活上自然就会有疏忽，有时吃得不够及时，不够营养，工作压力大导致睡眠不好，有时甚至会梦到自己在梦里还在和客户谈业务。

一段时间下来钱彤发现自己的气色很差，原来白里透红的皮肤变得黯淡无光了，梳头的时候掉头发很严重，有时觉得头晕，工作起来也没精神，走几步

路就气喘吁吁，食欲不振，时常觉得心情烦躁。

于是，钱彤去看了中医。医生告诉她，她的身体很虚弱，长期的劳累和压力，身体却没有得到及时和充足的休息，加上钱彤本身就有先天不足的问题，导致她现在身体出现问题。

从医生那里拿了中药回来，钱彤认真地思索着自己的身体，认为除了借助医生的帮助治疗以外，还要相应地进行生活方式上的调整，让自己的身体强壮起来，这才是让自己身体好的根本方法。

从那以后，钱彤不仅通过自己的感受来不断调整自己的生活习惯，还在网上查资料，借鉴科学的方法和理论。平时也注意观察收集他人保健身体的方法，有机会还会请教那些精力旺盛，身体硬朗，看起来比同龄人年轻精神的中老年人。

工作上钱彤要求自己在不影响身体的前提下再追求最好，更注意使用“巧劲”来工作，到点就该吃饭吃饭，该睡觉睡觉，保持平和的心态去面对工作，每个周末都去跑步，和朋友打乒乓球。

现在的钱彤身体强壮，面色红润，每天都以精神饱满的状态工作，迷人的微笑很感染人。

现在处于30岁到60岁之间的中年人，各种疾病的发病率明显上升，如糖尿病、脂肪肝、高血压、冠心病等，工作节奏快、生活压力大，导致英年猝死的病例时有发生。

为什么我们经济发展了，钱多了，物质生活水平提高了，有些人反而死得更快了呢？这都是由于人们平时对身体健康的重视不够，或者是不知道怎么去经营管理自己的身体而造成的悲剧。

年轻时仗着身子骨硬实，每天脑子里只有“赚钱”两个字。平时早出晚归，周末、节假日用来加班，一心想着住豪宅、开名车，在人前光鲜体面，恨不得把自己变成摇钱树。银行存折上的钱越来越多了，身体却千疮百孔了，等到身体负荷过重，警报频发的时候，去医院检查发现一切已经晚了，存折上的钱都挪到医院的账房去了。

要想做到让自己的身体保持健康，首先就要树立正确的健康观念，切实地认识到健康的重要性，从生活中的点点滴滴做起，持之以恒方能拥有一个健康强壮的身体。

强健的体魄是干事业的本钱

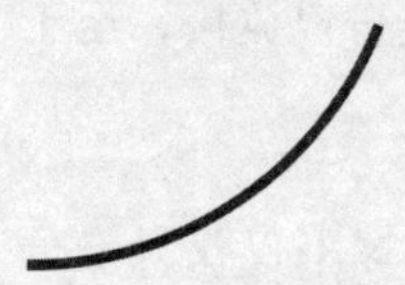

塑造一个健康的身体，是成就事业的必备条件，一个人要想在有生之年干出一番事业，不庸庸碌碌地了此一生，就要有一个好身体。

干事业是非常艰苦的过程，不仅是心力的耗费，更是精力的消耗。一个人要想干成一项惊天动地的事业，没有一个好的身体绝对是吃不消的。创业是异常艰苦的，需要经受常人难以忍受的磨练，吃常人难以咽下的苦，没有一个强壮的筋骨是不行的。

身体是革命的本钱，看看科技巨头是怎样强健体魄的。

Mint.com的创立者亚伦·帕兹说：“你不能每天工作14个小时，却从不锻炼。”亚伦·帕兹认为健康的体魄是成功的关键。帕兹喜欢跑步和举重还坚持做一项他从3岁起就开始做的运动。

女性金融理财网的CEO亚历克莎·冯·托贝尔几乎每天都会去健身房锻炼，并且还会带上同事一起去，在网站创立的初期，托贝尔将重心都放在了工作上，她很少去健身房或定期咨询医生。不过现在，她几乎每天都去健身房。

托贝尔称："我变得更健康、更快乐、睡眠也改善了。这很重要，当身体变好时，我才能更好地管理公司。"同样的还有苹果CEO蒂姆·库克，每天早晨5点他准时出现在健身房。

当一个人每星期工作近100小时的时候，腾出时间锻炼看似非常困难，然而SpaceX太空探索技术公司的CEO埃隆·马斯克每周都能进行一到两次的有氧锻炼，如跑步或举重。

移动支付公司Square兼推特网站的CEO杰克·多西有着严格的日程安排，他每星期的工作时间多达80小时，他选择在周六运动，让自己放松，至于周日，他会用来"反思、反馈和策略构想"。

对于2014年刚上任的微软CEO萨蒂亚·纳德拉来说，板球不仅仅只是一项运动爱好，甚至对他管理微软的方式都产生了重大影响。

谷歌Moonshot工厂的负责人塞巴斯蒂安·特龙热衷于骑行，还经常参加100英里自行车竞赛。此外，他还喜欢滑雪放风筝和冲浪，并参加过好几次马拉松比赛。

GoPro的CEO尼克·伍德曼，8岁时就迷上了冲浪。大学时期，他还加入过当地的冲浪俱乐部。每天，他都和朋友一起冲浪好几次，GoPro公司的办公环境反映了伍德曼现在仍然热衷于冲浪。

最近，在脸书网的一次问答环节中，CEO马克·扎克伯格称他每星期至少锻炼3次。有时，还会带上自己心爱的宠物狗Beast和他一起跑步。

现在的都市白领，大吃大喝、夜生活丰富、过度疲劳、过分紧张、无时间健身，然而他们并没有因此而得到快乐和幸福。因为只有拥有健康的头脑和身体，才能照顾家人和朋友，才能努力工作和拥有事业，才能够为社会创造价值，拥有幸福快乐的生活。

一旦事业有所成就时，一般人也到了四五十岁的年龄，身体的状况也不会像年轻人那样好了，为了今后事业的更大发展，更需要一个健康的身体。

事业成功是无止境的，什么时候才算事业成功了呢？比如说你是个企业家，公司规模达到多大才算成功？再比如你是个文学家，你写的书有多大影响才算是成功？如果中国的文学家要以曹雪芹为标准，恐怕曹雪芹之后没有一个是成功的。

所以说，真正成功的事业没有止境。一个人正确的态度应该是活到老学到老，活到老干到老。而要活到老学到老，活到老干到老，就必须拥有一个好身体，一个健康的身体。身体是完成事业的本钱，是实现人生目标的载体，而我们事业的成败，将决定我们一生的命运，没有一个健康的身体，其他都是空话。

邓小平90多岁了还搞了一次南巡谈话，端正了中国改革开放的航向；张大千90岁以后创作的国画比他早年的作品价值更大，艺术造诣更高；韦尔奇虽然退休了，但他并没有退出事业，仍然在事业上不断地奋斗。

毛泽东少年时期就立下了拯救中国的雄心壮志，要想推翻三座大山，建立一个新中国绝非是一件容易的事，必须是要付出艰辛的努力，有时甚至是超常的体力。

所以，毛主席从少年时期起就注意锻炼身体，经常约上几个志同道合的朋友爬韶山，到橘子洲头去浪遏飞舟。因为锻炼出了一个非常健壮的身体，所以后来尽管爬雪山，过草地，枪林弹雨，吃糠咽菜条件异常艰苦，也没有把毛主席的身体拖垮。

你的身体是你最好的药，运动可以帮助你治愈身体，运动是减缓衰老的法宝。身体内部的新陈代谢系统是我们维持身体健康最重要的过程。新陈代谢系统的衰退会加速老化，老化是避免不了的，生老病死，乃是自然规律，我们要做的就是优化我们的新陈代谢系统，让身体的老去尽可能慢一些，同时还要坚持正确科学的生活方式。

一个人要想干一番事业，达成自己的人生目标，必须坚持锻炼身体，塑造一个健康的体魄，为以后的戎马生涯打下很好的身体基础，因为强健的体魄是干事业的本钱。

一个人真正意义上的成功，不仅是事业上取得成就，经营出一个幸福温馨的家庭，拥有一个健康的身体也是人生成功的标志。

保持规律的作息和运动，让生命充满活力

拥有健康的身体，是每个人都渴望的一件事，保持一个健康的身体状态，需要坚持正确的生活方式和保持规律的作息和运动。

上班族苏青青的一天是这样度过的。

7:30起床，喝杯温水，缓解夜间身体的缺水症状。

8:00～8:30吃早餐

苏青青的早餐通常会准备一个鸡蛋或是一些肉、面包、水果、牛奶、豆浆或是麦片粥。

9:30开始工作

中间会吃个水果或是喝杯酸奶。

12:00吃午饭

苏青青更注重在午餐摄入更多的蛋白质和热量，所以午餐吃的肉是一天之中最多的，当然蔬菜也不能少。

14:30～15:00休息一下

这时候苏青青在条件允许的情况下会放下工作，闭上眼睛让自己处于放松的状态，调整身体和情绪让自己下午能更好地工作。

18:00运动

下班后苏青青会去散步20～30分钟，有时会和同事或朋友打羽毛球。周末苏青青会固定去慢跑30分钟。

19:30吃晚餐

这一餐苏青青会搭配更多的蔬菜，进食量也不会太大，吃完晚饭后苏青青通常会看书，浏览网页或是和朋友聊天，既能提高自己的知识又能放松心情。

23:00点时洗澡

23:30上床睡觉

不规律的生活恐怕会影响到你的身体的各个机能的自主工作机制。作息不规律身体的疲劳就得不到缓解，就会出现精神不振、头昏头痛、心悸胸闷、食欲不振等情况，同时人体的免疫力也会跟着下降，怕冷怕热、易于感冒、眼部干涩、胃肠感染、过敏等等自律神经失调症状也都会出现。

皮肤干燥、粗糙，没有光泽，整个人看起来没精神，一副病怏怏的状态，会不可避免地导致早衰。

情绪上心烦意乱、焦虑不安、急躁易怒、胆怯紧张、记忆力下降、注意力不能集中、精力不足、反应迟钝，不能很好地与人交流合作，家庭关系紧张，甚至难以进行正常的社会交往。

而越是身体虚弱，人越是不想动，导致身体更加虚弱，形成恶性循环。所以要保持规律的作息和运动，让身体健康强壮。

最好的医生是自己。我们既要坚持不懈地运动，也要保证充足的睡眠。由于现在生活节奏加快，越来越多的人以车代步，缺乏运动，导致健康受损。最好的运动是步行，只要坚持不懈，养成习惯，省钱又健康，还不需要特意为此付出时间，何乐而不为。

晚上10:00，最晚不超过11:00应躺在床上休息，此时血液回流肝脏，修复身体各器官，由淋巴系统清理各组织器官的垃圾，而且睡眠时人体处于深度呼吸状态，有助于淋巴系统的清理工作。所以要养成按时休息，每天保持7～8个小时的睡眠习惯。在睡觉前后半小时用来看书，学习知识，整理今天的工作。

保持积极乐观的心态，可以唱唱歌，周末去郊外呼吸一下新鲜空气，亲近自然，培养兴趣，在家养些喜欢的花草，陶冶情操。心态可以改变一个人的思想和头脑，心想真的可以事成。当心里想好的，积极的事情时，右脑分泌脑内吗啡，心情舒畅，从而使身体往好的方向发展。

保持清淡的口味，控制食量，过重的咸，甜，油口味，易导致体液酸化，血液黏稠，免疫力下降。世界卫生组织建议，人体每日对盐的摄取量最好不要超过5克，近年来高血压、心脑血管病、骨质疏松、哮喘、肾小球肾炎、肝硬化、胃癌等病呈上升趋势都和吃盐过重有关。吃糖降低免疫力，让血液酸化，腐蚀牙齿，同时热量非常高。油也同样使血液黏稠产生很高热量。过重的口感只能让味蕾越来越迟钝，让身体营养失衡严重。

少吃或不吃有害食物，比如油炸烧烤类、甜食、腌渍的食物，这些食物中富含大量油脂、或在加工后产生某些有害物质，食用过量对人体的危害是巨大的。多吃一些有益食物，如蔬菜、水果、粗粮，其中蔬菜和水果富含大量维生素和多种矿物质等，常吃不但能维持身体需要，还能抗衰老。粗粮是未经深加工的粮食，较好地保留了粮食中的营养元素，这是从粳米白面中难以获取的。

养成吃早餐的习惯。俗话说，“早餐要吃的像皇帝”，要营养丰富多元化，既要有蛋奶还要有一定的主食和蔬果，这样才能满足一上午的身体运转的需要，否则会导致低血糖、记忆力减退、注意力不集中等症状。

三餐定时定量，既不能过早，也不能过晚，否则容易打乱人体饮食生物钟，不利于肠胃健康。同时进食要定量，每餐吃半饱，让胃有充分的休息排空时间，让肠腔内有一定的空隙，食物的营养才能被充分消化吸收，不能暴饮暴食或出现过度饥饿状态。

多饮水。水是生命之源，水的重要性已被大部分人所认识。适量饮水能够促消化，保持人体代谢平衡。可以说良好的饮水习惯也是饮食健康的一部分。

一个拥有健康身体的人应该是这样的状态：精力很充沛，身体不是处于疲惫或得病的状态，做事情的积极性和效率也很高，对待事物能够保持一颗乐观的心态，不会钻牛角尖，不会斤斤计较，睡眠质量好，身体抵抗力强，不会轻易得病。有比较合适的体重，头发光泽无头屑，有一双明亮、有神且反应敏捷的眼睛，精神状态良好。

一个立志成功的人，会十分了解健康对自己有多重要，积极主动像海绵吸水一样接受所有健康的信息，食物，运动，产品，克制一切对健康有害的行为，利用一切对健康有益的事物达成自己的志向，以迅速养成健康的生活习惯并与人分享。

只有坚持良好的生活习惯，保持规律的作息和运动，拥有一个健康的身体，我们才能开创一番大事业，实现自己的人生价值，让生命充满活力，绽放出灿烂的光彩。

失去金钱的人损失甚少，失去健康的人损失极多

金钱与健康，到底谁更重要？没钱的时候，日子的确寸步难行，可是有了一定的经济基础之后，如果还拼命追逐钱财，甚至不惜透支生命与健康，那就非常不划算了。毕竟钱我们可以再挣，但是身体一垮，那么就什么都做不成了。

卡耐基认为，在对待工作和金钱问题上，每一个人的看法或许都有所不同。我们必须试图在健康与金钱的之间寻求一个平衡点，做到劳逸结合。如果一个人总是不顾一切地追逐金钱，那么无形之中就会对自身造成很多压力。当压力聚集到一定的程度，我们的身体就会超越极限从而导致崩溃。

在卡耐基《人性的优点》中，讲诉了这样一个故事。

泰德·本杰明曾经在他的日志中写道："1945年4月，我忧愁地患了一种被医生称之为结肠痉挛的疾病，这种病使人极其痛苦。假如战争不在那时结束的话，我可能已经垮了。"

"当时我整个人筋疲力尽。我在第94步兵师担任士官职务，工作是搞一份作战中伤亡和失踪的情况记录，还要帮助挖掘那些在激战中阵亡后被草草埋葬的士兵，把他们的遗物送还给他们的亲友。当时的我既忧愁又疲惫不堪。瘦了34磅，还差点儿发疯。有一段时间，也就是德军开始最后大反攻不久，我常常哭泣，这甚至使我放弃了还能恢复正常生活的希望。”

“最后，我住进了医院，一位军医给了我一些忠告，改变了我的整个生活。在我做完一次全面身体检查之后，他告诉我，我的问题纯粹是精神上的。他说：‘我希望你把生活想象成一个沙子漏斗。在漏斗的上半部，有成千上万颗沙粒，它们缓繁、均匀地通过中间那条细缝。除了沙子漏斗，你我都无法让两颗以上的沙粒同时通过那条窄缝。”

“我们每个人都像这个漏斗，当一天开始的时候，有许多事情要我们尽快完成。但我们只能一件—件地做，让工作像沙粒一样均匀地慢慢通过，否则我们就一定会损害身体和精神上的健康。”

“从值得纪念的那天起，也就是军医把这段话告诉我之后。我就一直奉行这种哲学。‘一次只通过一颗沙粒……一次只做一件事。’这个忠告在战时拯救了我，而且对我目前在印刷公司的公共关系及广告部中所做的工作也有莫大的帮助。我发现在生意场上，也有类似战场的问题，即一次要做完好几件事，但时间却很有限。材料要补充，新的表格要处理，要安排新的资料，地址有变动，分公司开张或关闭。但我不再慌乱不安。我一再重复默诵军医的忠告，工作比以前更有效率，再没有那种在战场上几乎使我崩溃的困惑、混乱的感觉。”

美国著名的心理分析学家布列尔便士说：“一个坐着的工作者，如果健康情况良好的活，他的疲劳百分之百是受心理因素也就是情感因素的影响。”随着城市生活节奏的加快和工作竞争压力的加剧，越来越多的商界男士为储蓄金钱而在不知不觉中透支健康。这些男士都自认为青壮年正是精力充沛、拼命赚钱的好时光，但事实上他们这样做却是在为以后的健康埋下祸根。

其实，每个在商场上疲劳拼命的商界男士都应该学会懂得去爱惜自己，呵护生命，而不是随意挥霍、糟蹋健康。因为健康的身体是革命的本钱。健康对一个人来说太重要了，健康不仅是成就事业的先决条件，而且还是工作的原动

力，更是创造金钱及其它财富的基础。

那么我们应该怎样做才能在工作之余，照顾自己的健康呢？下面是卡耐基为我们提供的五项建议：

1.请看关于这方面的一本好书——大卫·哈罗·芬克博士所写的《消除神经紧张》。我还建议你看一看《为什么会疲倦？》，这本书的作者是丹尼尔·何西林。

2.随时放松你自己，使你的身体软得像一双旧袜子。卡耐基在工作的时候，常常在桌子上放上一双红褐色的旧袜子，以便提醒自己应该放松到什么程度。

3.工作时采取舒服的姿势。要记住，身体的紧张会产生肩膀的疼痛和精神上的疲劳。

4.每天自我检查五次，问问自己："我有没有使自己的工作变得比实际上的更繁重？我有没有使用一些和我的工作毫无关系的肌肉？"这些都有助于你养成放松的好习惯。就像大卫·哈罗·芬克博士所说的："那些对心理学最了解的人都知道，疲倦有三分之二是习惯性的。"

5.每天晚上再检查一次，问问你自己："我到底有多疲倦？丹尼尔·何西林说："如果哪一天过完后我感到特别疲倦，或者是我感觉自己的精神特别困乏的时候，我会毫不犹豫地知道，这一天不论在工作的质和量上都做得不够。如果每个企业家能学会这一点，因为神经紧张引起疾病致死的比例，就会马上降低了。而且，我们的精神疗养院里，也不会再有那些因为疲劳和忧虑导致精神崩溃的人了。"

总而言之，只有当你拥有了健康的身体之后，你才有赚钱的资本，你才会有更多的精力去创造财富，从而使你更加富裕。因此只有学会正确的处理金钱与健康之间的关系，并且拥有一个健康的身体，这样我们的生活才会丰富多彩。